西式糕點的組成，可以分為奶油醬、麵糰和裝飾三大部分，其中決定滋味的關鍵，無疑就是奶油醬了。奶油醬的種類愈多、風味愈豐富，糕點的呈現就更具多樣性。

　　奶油醬的世界博大精深，可說有多少甜點師傅就有多少種類的奶油醬。而本書所介紹的奶油醬，還包括慕斯、巴巴露亞、果凍、甘納許這類廣義的奶油醬。由於篇幅有限，我無法一一介紹完全部的奶油醬，但本書除了網羅所有奶油醬基本款外，還介紹了使用最先進材料的新興奶油醬，以及近來極為罕見的傳統奶油醬，總共100種，將它們的特色與配方、做法等，圖文並茂地清楚解說。由一名甜點師傅介紹這麼多款奶油醬的專書，這在最近應該相當罕見吧！

　　除了部分限定使用方法的奶油醬之外，我特地介紹了很多單獨品嚐也很可口，以及合乎現代人健康取向的輕爽型奶油醬。不過，所有配方仍須根據你是要做成餐後甜點、小糕點、甜點杯等的不同，以及使用材料的不同等，來調整用量。喜歡的奶油醬，請先依照書中的配方來試做過後，再調整成你所理想的味道和口感吧！

　　此外，將數種奶油醬組合成新滋味，也是我們甜點師傅的樂趣之一。因此，我認為不是將這些奶油醬做過一遍就結束了，由衷希望你能多方嘗試，創造出沒人做過的新風味來。

製作奶油醬的第一步
做為基底的奶油醬　4

英式奶油醬 5	開心果慕斯琳奶油醬 10	櫻桃鮮奶油 15
焦糖布丁 6	卡士達鮮奶油 11	芒果鮮奶油 16
紅茶焦糖烤布蕾 7	巧克力卡士達鮮奶油 12	果仁鮮奶油 17
卡士達醬 8	香堤鮮奶油 13	開心果鮮奶油 18
香草吉布斯特醬 9	煉乳鮮奶油 14	巧克力鮮奶油 19

嚴選素材做出理想中的好滋味
巧克力做的奶油醬　20

黑巧克力甘納許 21	吉安地哈榛果巧克力重奶油 31	香橙牛奶巧克力慕斯 41
香堤鮮奶油用甘納許 22	傳統巧克力鮮奶油 32	焦糖巧克力慕斯 42
牛奶巧克力甘納許 23	現代巧克力鮮奶油 33	巧克力巴巴露亞 43
草莓牛奶巧克力甘納許 24	發泡白巧克力甘納許 34	姜都亞巴巴露亞 44
巧克力塔用甘納許 25	巧克力慕斯（蛋白霜型） 35	巧克力焦糖鮮奶油 45
酒心巧克力用甘納許 26	巧克力慕斯（英式奶油醬型） 36	覆盆子牛奶巧克力鮮奶油 46
酒心巧克力用覆盆子甘納許 27	牛奶巧克力慕斯（英式奶油醬型） 37	
牛奶巧克力重奶油 28	巧克力慕斯（炸彈麵糊型） 38	
異國水果風味白巧克力重奶油 29	牛奶巧克力慕斯（炸彈麵糊型） 39	
杏仁重奶油 30	葡萄柚白巧克力慕斯 40	

從3種基底發展出來
慕斯與巴巴露亞　47

椰子慕斯 48	焦糖慕斯 55	覆盆子冰鎮慕斯 62
栗子慕斯 49	杏仁慕斯 56	香草巴巴露亞 63
薄荷慕斯 50	肉桂慕斯 57	伯爵茶巴巴露亞 64
杏桃慕斯 51	覆盆子慕斯 58	荔枝巴巴露亞 65
開心果慕斯 52	百香果慕斯 59	
香橙慕斯 53	草莓慕斯 60	
焦糖鮮奶油 54	洋梨慕斯 61	

以溫度控管和時機決定口感
奶油做的奶油餡 —— **66**

義式蛋白霜奶油餡　67　　炸彈麵糊奶油餡　69　　熱帶奶油餡　71

英式蛋白霜奶油餡　68　　檸檬奶油餡　70　　栗子奶油餡　72

完全鎖住新鮮風味
起司做的奶油醬 —— **73**

炸彈麵糊起司慕斯　74　　生起司　76　　提拉米蘇奶油　79

英式起司慕斯　75　　義式蛋白霜白起司奶油　77　　馬斯卡彭香草奶油　80

　　　　英式白起司奶油　78

對材料與做法的匠心獨具
私房創意奶油醬 **81**

女皇米糕佐無花果　82　　栗子奶油　87　　葡萄柚果凍　92

香草重奶油　83　　蘋果奶油　88　　芒果果凍　93

異國水果風味重奶油　84　　義式奶酪　89　　香草奶油　94

椰子奶油　85　　伯爵茶烤布蕾　90　　黑醋栗蛋白霜　95

栗子鮮奶油　86　　覆盆子奶油　91

混搭多款奶油醬，創造出全新好滋味
自選的小糕點 Best 10 —— **97**

最先進的奶油醬製作好幫手
善用科學性的甜點製作材料 —— **102**

閱讀本書注意事項

・吉利丁片，是將膠強度（Bloom）210型的吉利丁片浸泡在冰水中，待軟化後，去掉水氣後使用。

・水果泥，是使用10%加糖型的果泥。

・香草莢，將種子從豆莢上刮下來，豆莢也一起使用。

・蛋黃，有時使用20%加糖蛋黃液，有時使用生的蛋黃。若是僅寫「蛋黃」，就是指生的蛋黃。

・粉類，都先過篩後再使用。

・各個奶油醬的甜度以5顆★來表示。★愈多表示甜度愈強。只不過，這是以我的舌頭感覺所下的判斷。巧克力奶油醬的濃度表示法也是如此。

・做法前面的小圖示，分別表示使用以下的器具：

盆子＝ 　　淺盤＝ 　　燉鍋、玻璃杯等容器＝

鍋＝ 　　派盤＝ 　　食物調理機＝

做為基底的 奶油醬

　　在踏進奶油醬博大精深的世界之前，請先好好學習入門的英式奶油醬、卡士達醬、香堤鮮奶油吧！千萬別輕視初階的奶油醬，想要完成高級的奶油醬，打好基礎比什麼都重要。

　　法式甜點中的英式奶油醬，是所有奶油醬中的女王，地位宛如法式料理中的醬汁那般舉足輕重。卡士達醬、慕斯、冰淇淋、巴巴露亞……，幾乎所有奶油醬都是從它衍生、發展出來的。能夠做出完美的英式奶油醬，是專業甜點師傅的必備條件。

　　此外，要調製香堤鮮奶油，就必須充分了解鮮奶油這個主要材料才能著手。即使乳脂肪含量相同，但廠牌不同，特色便有所差別；即使成品都很美味，有些經過一段時間後表面會乾燥，或者因為溫度變化而凝結成固態奶油狀。因此，選擇時不僅要考量用在哪種甜點上，也必須顧及製作人員的效率、技術程度、放在陳列櫃的時間、顧客外帶後的時間等，確保享用時仍能品嚐到奶油醬的最佳狀態。

英式奶油醬
Crème anglaise

英式奶油醬不僅是所有甜點師傅都必學，也可以說是所有廚師都必學的代表性奶油醬。這裡介紹的是當成甜點醬汁使用的最經典配方。為迎合現代人的健康取向，將糖分減量後調理出來的味道，可以讓用途更廣泛。發泡後會變輕，若增加蛋黃的用量，色香味都會更加濃郁。由於加熱有殺菌效果，請確實煮過，並根據用途，煮到出現適當的濃稠度及光澤為止。

材料

牛奶	200g
香草莢	1/5根
20%加糖蛋黃液	50g
細砂糖	20g

甜度　★★★☆☆

保存期限　冷藏1日。

運用方式　甜點用醬汁。也可以用於巴巴露亞、慕斯、冰淇淋等。

做法

🥣 將蛋黃和半量的細砂糖攪打至泛白為止。

🥣 將ⓐ一點一點倒進去，充分拌勻。

沸騰之前

ⓐ 將牛奶、半量的細砂糖、香草以中火加熱。

🍲 放回鍋中，以小火加熱，一邊攪拌一邊加熱至83～85℃。

🍲 待呈現黏稠狀後即可熄火，然後過濾，再用冰水快速冷卻。

英式奶油醬·焦糖布丁

Crème renversée (=*Crème caramel*)

加熱後讓它靠著蛋的作用凝固起來，是一直以來用於布丁上的奶油醬。近年來，入口即化而滑順的不加熱型成為主流，但加熱過後口感更富彈性，更能品嚐到布丁原有的美味。混合牛奶和蛋汁時，牛奶的溫度若過高，蛋就會凝固，反之若過低，就會出現空隙，須特別注意。欲增加風味的話，可在加進牛奶的同時一起放入巧克力或水果泥。

材料

牛奶	500g
香草莢	1/3根
全蛋	2個
蛋黃	3個
細砂糖	70g
焦糖	
細砂糖	100g
礦泉水	適量

＊焦糖是用細砂糖和礦泉水以中火加熱至呈濃稠焦糖色。

甜度　★★★☆☆

保存期限　冷藏2日。

運用方式　布丁。

做法

🥣 將全蛋、蛋黃、2/3量的細砂糖用打蛋器攪拌均勻。

🥣 將ⓐ一點一點倒進去，充分拌勻，然後過濾。

🍮 倒進已放好焦糖的容器裡，攪破表面的氣泡。

🍮 在烤盤裡加水，然後將容器放上去，在160℃的烤箱中烤30～35分鐘。將容器傾斜看看，如果蛋奶液不會流下來、不會波動，表面凝固到有點膨脹的程度就完成了。

80～90℃，鍋邊開始有點沸騰。

ⓐ
將牛奶、香草、1/3量的細砂糖以中火加熱。

英式奶油醬·
紅茶焦糖烤布蕾

Crème brûlée au thé

和布丁不同，這裡只使用蛋黃而不用全蛋，鮮奶油也用得比牛奶多，使成品更為濃郁。不過近年來，即便在法國，也多流行使用牛奶比例較高而口感更輕爽的類型。這裡所介紹的，也是牛奶的用量比鮮奶油多，因而爽口不濃膩的配方。若要添加紅茶風味，訣竅就是將茶葉加進牛奶和鮮奶油裡，用攪拌器充分拌勻，如此會將茶葉打開而更容易抽出味道和香氣。茶葉粗大的話，香氣會比味道來得強烈，細小的話，則味道和香氣較能取得平衡，因此請依喜好選用。至於香草，將牛奶、鮮奶油、香草加熱到沸騰之前，用冰水快速冷卻，然後放置在冰箱中一晚再使用，會更有香草風味。

材料

牛奶	275g
47%鮮奶油	225g
伯爵茶	10g
20%加糖蛋黃液	125g
細砂糖	48g

甜度　★★★☆☆

保存期限　冷藏2日。

運用方式　焦糖烤布蕾。

Variation

香栗焦糖烤布蕾

材料

牛奶	200g
47%鮮奶油	170g
20%加糖蛋黃液	90g
栗子糊（Pâte de Marrons）	40g
栗子醬（Crème de marrons）	40g

＊將栗子糊、栗子醬和蛋黃混合後，再倒入沸騰之前的牛奶和鮮奶油。過濾後倒進容器裡。放進栗子一起烤會相當美味。

做法

 將蛋黃和細砂糖用打蛋器攪拌均勻。

 將ⓐ一點一點倒進去，充分拌勻。

 倒進容器裡，攪破表面上的氣泡。

 在烤盤裡加水，然後將容器放上去，在150℃的烤箱中烤30～35分鐘。將容器傾斜看看，如果蛋奶液不會流下來、不會波動，表面凝固到有點膨脹的程度就完成了。

 在表面撒上粗糖，用噴槍炙燒到呈現焦色。

沸騰之前

ⓐ

將牛奶、鮮奶油煮沸。
↓
放進茶葉，用攪拌器充分拌勻，蓋上蓋子，放置4分鐘。
↓
過濾，以中火加熱。

卡士達醬

Crème pâtissière

這是在英式奶油醬中加進粉類和奶油使色香味都更為濃郁的奶油醬。粉類可使用麵粉或玉米粉，麵粉做出來的黏性強，玉米粉則較為滑膩。最好是根據用途來選用材料，不然，可以使用等量的低筋麵粉和玉米粉相混合，這樣即使加了酒也不會太滑膩而不成型；濃稠度適中，用途就更廣了。

材料

牛奶	200g
香草莢	1/5根
20%加糖蛋黃液	50g
細砂糖	30g
低筋麵粉	8g
玉米粉	8g
無鹽奶油	10g

甜度　★★★☆☆

保存期限　當日用完。

運用方式　泡芙、千層派、塔。

做法

🥣 將蛋黃和半量的細砂糖攪打至泛白為止，然後放進過篩的粉類，充分拌勻。

🥣 將ⓐ一點一點倒進去，充分拌勻，然後過濾。

🥄 放回鍋中，一邊加熱一邊攪拌。煮至滾沸並呈現柔軟光滑的狀態。

🥄 放入奶油使其融化，然後倒進淺盤裡。

🥄 用保鮮膜封住，放在冰水中冷卻，過濾後即可使用。

沸騰之前

ⓐ
將牛奶、香草、半量的細砂糖以中火加熱。

卡士達醬・香草吉布斯特醬

Crème chiboust à la vanille

這是在卡士達醬裡加進香草的香氣，再放入義式蛋白霜，讓口感更為輕盈的奶油醬。它的特色在於口感宛如日本關東煮裡常見的「半片」，放在糕點裡面，會有別於慕斯的美妙滋味。基本上，義式蛋白霜是在蛋白裡加進2倍量的細砂糖，但這樣會太甜，因此這裡介紹的配方是將細砂糖減量到最低限度，然後用海藻糖來補充，口感會更清淡些。放進海藻糖時，溫度一變高，糖漿就會凝固而難以拌勻，因此請以低溫加熱。若要加進百香果等酸味強的果泥來增添風味的話，宜將牛奶換成鮮奶油和果泥，就能防止油水分離了。

材料

卡士達醬

牛奶	200g
細砂糖	5g
香草莢	1/4根
20%加糖蛋黃液	50g
吉士粉	15g
吉利丁片	5g

義式蛋白霜

細砂糖	50g
海藻糖	20g
礦泉水	25g
蛋白	60g

甜度　★★★☆☆

保存期限　冷凍2週。

運用方式　塔、聖安娜蛋糕、糕點的內餡。

Variation

百香果吉布斯特醬

材料

卡士達醬

35%鮮奶油	50g
百香果泥	150g
20%加糖蛋黃液	50g
細砂糖	20g
吉士粉	15g
吉利丁片	5g

義式蛋白霜

細砂糖	50g
海藻糖	20g
礦泉水	25g
蛋白	60g

做法

🥣 將蛋黃攪打至泛白為止，然後放入過篩的吉士粉，充分拌勻。

🥣 將 ⓐ 一點一點倒進去，充分拌勻，過濾。　沸騰之前

🥄 放回鍋中，一邊加熱一邊攪拌。煮至滾沸並呈現柔軟光滑的狀態。

🥣 放進吉利丁，然後過濾，放在冰水中散熱。

🥣 將義式蛋白霜分數次放進去，充分攪拌，注意不要攪破氣泡。

ⓐ

將細砂糖、香草放進牛奶中，以中火加熱。

義式蛋白霜

將細砂糖、海藻糖、礦泉水煮至116～118℃。
↓

🥣 用電動攪拌器打發蛋白。稍微發泡後，就一邊攪拌一邊慢慢加進糖漿，打至出現光澤、拉出來的尖端有點下垂的發泡程度為止。

卡士達醬・開心果慕斯琳奶油醬

Crème mousseline à la pistache

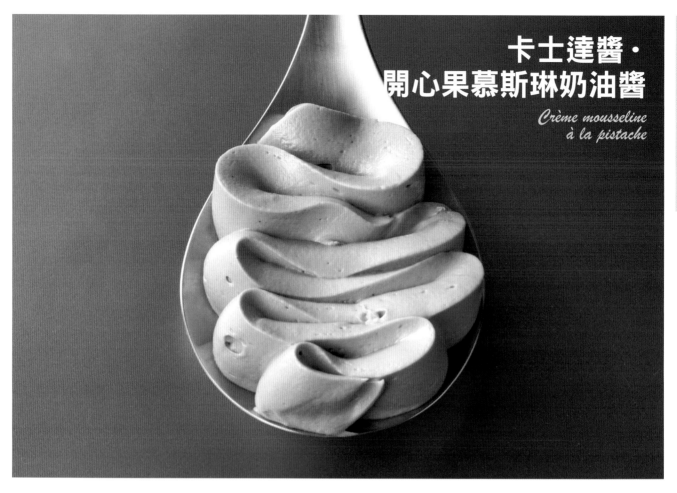

慕斯琳奶油醬就是在卡士達醬中加進份量為卡士達醬一半的奶油，使它更入口即化。雖然感覺有點沉甸甸的，但正可以做出味道紮實的甜點。它的魅力在於很能夠帶出其他素材的味道，且用來增添風味的話，就能做出令人難忘的好滋味了。由於一冷卻就會凝結，因此要先在常溫中恢復柔軟後再使用。有時因為奶油的不同，凝結的狀況也就不一樣，宜選用柔軟性佳的奶油。

材料

卡士達醬	200g
開心果糊	30g
無鹽奶油	100g

卡士達醬的材料

牛奶	200g
細砂糖	30g
20%加糖蛋黃液	50g
香草莢	1/5根
低筋麵粉	8g
玉米粉	8g
無鹽奶油	10g

甜度 ★★☆☆☆

保存期限 冷藏2日、冷凍2週。

運用方式 法式草莓蛋糕、達克瓦茲蛋糕、糕點裝飾用馬卡龍的奶油醬等。

Variation

香草慕斯琳
奶油醬

材料

卡士達醬（參考上述）	200g
無鹽奶油	100g

做法

🥣 將蛋黃和半量的細砂糖攪打至泛白為止，然後放進過篩的粉類，充分拌勻。

🥣 將 [a] 一點一點倒進去，充分拌勻，過濾。

🥄 放回鍋中，以中火一邊加熱一邊攪拌。煮至滾沸並呈現柔軟光滑的狀態。

🥄 放入奶油使其融化，然後倒進淺盤裡。

🥣 用保鮮膜封住，放在冰水中冷卻，然後過濾。

🥣 放回室溫中，加進 [b]，充分攪拌至完全變白為止。

沸騰之前 ←

[a]

將半量的細砂糖、香草放進牛奶中，以中火加熱。

[b]

將開心果糊放進髮蠟狀的奶油中，拌勻。用電動攪拌器打發至完全變白為止。

卡士達醬・卡士達鮮奶油

Crème diplomate

在卡士達醬中加進發泡的鮮奶油，讓成品更為輕柔。特色在於蛋味較淡而順口。適用於泡芙、甜點杯等，用途極廣；也可以加點酒，或改變鮮奶油用量和乳脂肪含量來應用於各式甜點上。若要放在焦糖奶油鬆餅這類上面會放配料的甜點上，就不妨加進和卡士達醬等量以上的鮮奶油，讓成品更為輕柔。此外，加入吉利丁的話，就可以取代慕斯當做餐後甜點，享受ㄅㄨㄞ ㄅㄨㄞ的口感。

材料		甜度	★★☆☆☆
卡士達醬	200g		
35%鮮奶油（8分發泡）	100g	保存期限	冷藏1日，冷凍2週。
卡士達醬的材料		運用方式	泡芙、閃電泡芙、甜點杯、蒙布朗的內餡、蛋糕卷、焦糖奶油鬆餅、餐後甜點。
牛奶	200g		
細砂糖	30g		
香草莢	1/5根		
20%加糖蛋黃液	50g		
低筋麵粉	8g		
玉米粉	8g		
無鹽奶油	10g		

＊請依糕點的種類、組合方式、鮮奶油的用量等不同，來添加吉利丁。

做法

🥣 將蛋黃和半量的細砂糖攪打至泛白為止，然後放進過篩的粉類，充分拌勻。

沸騰之前

a

將半量的細砂糖、香草放進牛奶中，以中火加熱。

🥣 將一點一點倒進去，充分拌勻，過濾。

🥄 放回鍋中，以中火一邊加熱一邊攪拌。煮至滾沸並呈現柔軟光滑的狀態。

🥄 放入奶油使其融化，然後倒進淺盤裡。

🥣 用保鮮膜封住，放在冰水中冷卻，過濾。

🥣 將8分發泡的鮮奶油分數次放進去，攪拌均勻。

卡士達醬・
巧克力卡士達鮮奶油

Crème diplomate au chocolat

卡士達鮮奶油的特色在於用它來調味時，味道出來的方式會比用慕斯琳奶油醬更為溫和。添加巧克力的話，這裡不用低可可成分的巧克力，而更適合選用「P125 Coeur de Guanaja」這類味道犀利的巧克力。奇妙的是，不但無損巧克力深厚的滋味，而且會變得相當柔順。為了讓巧克力更容易均勻化開，請將巧克力加進相當於人體體溫的卡士達醬中。此外，若是添加果仁糖的話，為了讓擠花更安定，宜選用乳脂肪含量高的鮮奶油。

材料	
卡士達醬	300g
可可成分80%巧克力	
（P125 Coeur de Guanaja）	
	40g
35%鮮奶油（8分發泡）	90g

卡士達醬材料	
牛奶	200g
細砂糖	30g
香草莢	1/5根
20%加糖蛋黃液	50g
低筋麵粉	8g
玉米粉	8g
無鹽奶油	10g

甜度	★★☆☆☆
保存期限	冷藏1日，冷凍2週。
運用方式	泡芙、閃電泡芙、甜點杯、蛋糕卷、餐後甜點。

Variation

杏仁卡士達鮮奶油

材料	
卡士達醬（參考上述）	200g
杏仁糖	50g
47%鮮奶油（8分發泡）	70g

做法

🥣 將蛋黃和半量的細砂糖攪打至泛白為止，然後放進過篩的粉類，充分拌勻。

🥣 將 a 一點一點倒進去，充分拌勻，過濾。

沸騰之前

a

🥄 將半量的細砂糖、香草放進牛奶中，以中火加熱。

🍳 放回鍋中，以中火一邊加熱一邊攪拌。煮至滾沸並呈現柔軟光滑的狀態。

🥣 放入奶油使其融化，然後倒進淺盤裡。

🥄 用保鮮膜封住，放在冰水中冷卻，過濾。再加熱至30～35℃。

🥣 將融化後的巧克力一點一點放進去充分攪拌至乳化。

🥣 將8分發泡的鮮奶油分數次放進去，攪拌均勻。

香堤鮮奶油

Crème chantilly

香堤鮮奶油是可以全面應用並且是日式甜點中使用率最高的奶油醬。以香堤鮮奶油為基底加以調味，就能做出百變風味的奶油醬了。鮮奶油的乳脂肪含量愈高，色香味就愈濃郁，反之就容易形成脂肪顆粒；而品牌不同的話，即使乳脂肪含量相同，性質也可能互異。請多試用幾種鮮奶油，找出最適合的產品與調合比例。我都是調合了「森永乳業」的45%鮮奶油與「高梨乳業」的47%鮮奶油來使用。此外，攪拌會讓鮮奶油溫度升高，因此請放在冰箱20～30分鐘就不易形成脂肪顆粒，才會滑順好用。而反覆多次攪拌會讓鮮奶油失去滑順感，最好用多少做多少；若多做了，就乾脆多加攪拌讓它變成奶油再利用吧！

材料

47%鮮奶油	200g
45%鮮奶油	200g
細砂糖	28g
香草精	全體量的0.1%

甜度　★★★☆☆

保存期限　當日用完。

運用方式　裝飾用、蛋糕卷、水果蛋糕之類的夾層等。

做法

- 將所有材料混合起來，打至8分發泡，用攪拌器舀起來尖端會彎曲的程度。

- 放在冰水中冷卻。

- 連同冰水一起放進冰箱20～30分鐘後再使用最為理想。

13

香堤鮮奶油·煉乳鮮奶油
Richesse de la crème chantilly

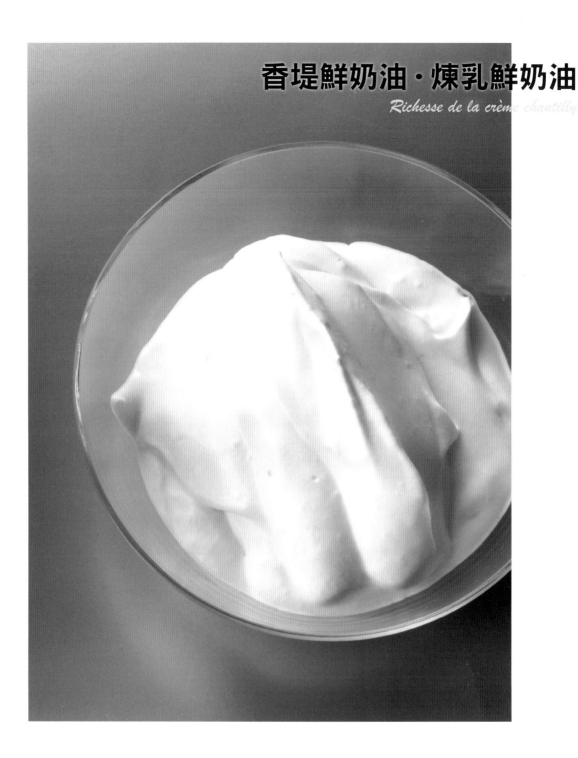

將基本的香堤鮮奶油的細砂糖替換成煉乳，讓奶味更香濃。用於蛋糕卷等欲強調奶味的甜點上，效果立現。加入煉乳後，鮮奶油容易變得乾乾的，因此這裡用的是乳脂肪含量稍低的鮮奶油，以避免成品過於濃厚。

材料
42%鮮奶油 _____ 200g
煉乳 _____ 30g

甜度　★★★☆☆

保存期限　當日用完。

運用方式　裝飾用、蛋糕卷、
　　　　　水果蛋糕之類的夾
　　　　　層等。

做法

🥣 將所有材料混合起來，打至8分發泡，用攪拌器舀起來尖端會彎曲的程度。

🥣 放在冰水中冷卻。

🥣 連同冰水一起放進冰箱20～30分鐘後再使用最為理想。

香堤鮮奶油·櫻桃鮮奶油

Crème chantilly griotte

這是可以充分品嚐到水果風味的香堤鮮奶油。放入大量的果泥會讓水分變多而難以攪打發泡，因此請先將果泥熬煮到份量減半來濃縮味道，也可以加入利口酒來凝聚香氣。由於果泥會釋出水分而讓奶油醬塌掉，但在熬煮時加進轉化糖漿的話，就能預防這一點，而且轉化糖漿更會帶出水果的風味。此外，酸味的素材會讓鮮奶油容易凝結，因此請使用乳脂肪含量更低的鮮奶油。

材料

濃縮櫻桃泥	27g
42%鮮奶油	220g
細砂糖	15g
托克布蘭奇（Toque Blanche）	
櫻桃（此為櫻花的濃縮汁）	2g

濃縮櫻桃果泥的材料

櫻桃果泥（加糖10%）	500g
轉化糖漿	25g

甜度　★★★☆☆

保存期限　當日用完。

運用方式　裝飾用、蛋糕卷、水果蛋糕之類的夾層等。

做 法

- 將櫻桃果泥與轉化糖漿充分拌勻，以中火熬煮至剩下350g，放涼。

- 將所有材料混合起來，打至8分發泡，用攪拌器舀起來尖端會彎曲的程度。

- 放在冰水中冷卻。

- 連同冰水一起放進冰箱20～30分鐘後再使用最為理想。

香堤鮮奶油‧芒果鮮奶油

Crème chantilly à la mangue

想調製可以直接提出水果風味的香堤鮮奶油時，建議使用「中澤乳業」的調和性奶油「SMART WHIP K」。因為即使果泥的用量超過總量的一半，用這款奶油仍可以攪打發泡。能夠放進大量的水果，果味就會更濃郁，色澤也會更迷人。這款奶油雖然含植物性油脂，但用法和一般的鮮奶油相同，而且不容易塌掉，可以做出細緻的擠花。此外，由於它不易受溫度變化影響而呈固態奶油狀，是製作夏日甜點的法寶。

材料	
SMART WHIP K	200g
芒果泥	100g
細砂糖	14g

甜度　★★★☆☆

保存期限　冷藏1～2日。

運用方式　裝飾用、蛋糕卷、水果蛋糕之類的夾層等。

做法

🥄 將所有材料混合起來，打至8分發泡，用攪拌器舀起來尖端會彎曲的程度。

🥣 放在冰水中冷卻。

🥣 連同冰水一起放進冰箱20～30分鐘後再使用最為理想。

16

香堤鮮奶油・果仁鮮奶油

Crème chantilly au praliné

果仁鮮奶油是將杏仁糖與鮮奶油結合,讓原本濃厚的杏仁糖變得輕盈,而加進榛果糊則能抑制甜味而顯得更輕爽。淡淡的苦味和達克瓦茲蛋糕這類偏甜的甜點真是絕配。不過,最近新出一款果仁粉「Puraline Powder」(Weiss社),味道的深度比直接使用杏仁糖的奶油醬略遜一籌,但只要直接加進鮮奶油裡就有果仁風味了,非常簡單,是製作裝飾用奶油醬的法寶。

材料	
35%鮮奶油	250g
杏仁糖	80g
榛果糊	10g

甜度 ★★☆☆☆

保存期限 冷藏當日、冷凍2週。

運用方式 上面會放配料的糕點。

Variation

使用「Puraline Powder」的果仁香堤鮮奶油

材料	
42%鮮奶油(6分發泡)	100g
細砂糖	4g
「Puraline Powder」	20g

做法

- 將鮮奶油打至6分發泡。

- 一點一點放進杏仁糖和榛果糊,攪拌到呈柔滑狀態為止。

- 放進剩餘的鮮奶油中,打發到適當的凝稠度。

- 放在冰水中冷卻。

- 連同冰水一起放進冰箱20～30分鐘後再使用最為理想。

香堤鮮奶油・開心果鮮奶油

Crème chantilly à la pistache

在裝飾糕點時，用這款加了開心果的鮮奶油，會讓色彩更迷人。訣竅在於選用優質的開心果糊。我愛用的是義大利西西里島產的開心果糊，味道和香氣都一級棒。它有烘烤過的和生的兩種，將兩種混合使用能讓素材的力量加倍。此外，由於開心果糊過於黏稠難以攪拌均勻，宜事先加進少量的鮮奶油加以稀釋。

材料

45%鮮奶油	200g
細砂糖	14g
開心果糊	15g

甜度　★★☆☆☆

保存期限　當日用完。

運用方式　裝飾用、水果蛋糕、戚風蛋糕等。

做法

🥣 將細砂糖放進鮮奶油裡，打至6分發泡。

🥣 一點一點加進開心果糊，攪拌到呈柔滑狀態為止。

🥣 放進剩餘的鮮奶油中，打發到適當的凝稠度。

🥣 放在冰水中冷卻。

🥣 連同冰水一起放進冰箱20～30分鐘後再使用最為理想。

香堤鮮奶油·巧克力鮮奶油
Crème chantilly au chocolat

這是在鮮奶油裡增添一點巧克力風味的香堤鮮奶油。單獨使用就夠美味了，但若在蛋糕的外面裝飾上這款香堤鮮奶油的擠花，再於中間暗藏濃郁型的巧克力奶油醬，兩者搭配使用，會讓味道發揮得淋漓盡致。這款巧克力鮮奶油本身以及材料中的甘納許都能在市面上買得到，但自己做的話，巧克力風味會更香濃，強烈建議自己動手做喔！

材料

45%鮮奶油	350g
細砂糖	25g
香堤鮮奶油用甘納許（p.22）	70g

甜度　★★☆☆☆

保存期限　當日用完。

運用方式　裝飾用、水果蛋糕、蛋糕卷的夾層用。

做法

將細砂糖放進鮮奶油裡，打至6分發泡。

一點一點加進甘納許，攪拌到呈柔滑狀態為止。

放進剩餘的鮮奶油中，打發到適當的凝稠度。

放在冰水中冷卻。

連同冰水一起放進冰箱20～30分鐘後再使用最為理想。

嚴選素材
做出理想中的好滋味
巧克力做的
奶油醬

　　巧克力能與所有素材搭配，最能隨心所欲應用了。尤其近年來新產品紛紛上市，琳瑯滿目，要做出理想中的好滋味可說更加容易了。

　　每一種巧克力都有各自的特性，不同的甜點選用不同的巧克力是無庸置疑的，而我即使製作相同的甜點，也會隨季節選用不同的巧克力呢！

　　要調製出性質穩定的奶油醬，就要確保基本的乳化過程順利。依種類不同，巧克力中的可可成分或可可脂含量皆不同，因此必須調整所添加的水量。請以我的配方為基礎，再根據你所選用的巧克力來調整吧！也可請教廠商，或者平時就勤於收集資料，相信有助於完成你所追求的好滋味！

甘納許·
黑巧克力甘納許

Ganache chocolat noir

也可以當做鏡面巧克力醬使用,甘納許的用途極廣。它的特色在於水分多、脂肪少,因此在低溫中仍不易分離,十分方便好用。而且,它的口感輕爽味道佳,用在法式劇院蛋糕的話,裡外皆適宜。讓它乳化的時候,將鮮奶油和牛奶倒進巧克力後,必須放置片刻使其融合在一起,再從中央慢慢攪拌開來。量多的話,使其融合的時間就要拉長。起初會有點分離,但繼續攪拌後,就會立即呈現出光滑細膩的狀態了。

材料
45%鮮奶油 —————————— 150g
牛奶 ————————————————— 150g
可可成分55~56%巧克力
————————————————————— 250g

甜度　　★★★☆☆

濃厚度　★★☆☆☆

保存期限　冷藏5日。

運用方式　法式劇院蛋糕、糕點的
　　　　　主要部分、鏡面巧克力
　　　　　醬等。

做法

🍵 將 ⓐ 倒進切碎的巧克力中,靜置2~3分鐘使其融合。

🍵 從中央開始攪拌,讓一部分先乳化,再慢慢向外側攪拌開來。

🍵 攪拌至呈現光滑細膩的狀態為止。

ⓐ
將鮮奶油和牛奶一起煮沸。

甘納許・
香堤鮮奶油用甘納許

Ganache pour crème
chantilly au chocolat

這是香堤鮮奶油專用的甘納許。把鮮奶油加進油脂成分高的甘納許裡，會很容易油水分離，因此這裡刻意加進水和可可粉來降低油脂成分，就不容易分離了。其實光加進可可粉來調味，便能確實達到油水不分離的效果，但加進巧克力會讓香堤鮮奶油的風味更上一層，請務必嘗試看看。不過，由於苦味很重，這款甘納許不宜單獨使用。

材料

細砂糖	80g
可可粉	95g
礦泉水	340g
可可成分64%巧克力	200g
無鹽奶油	55g

甜度　　　－－－－－

濃厚度　　－－－－－

保存期限　冷凍2～3週。

運用方式　巧克力鮮奶油用
　　　　　＊勿單獨使用。

做法

🥣 將ⓐ倒進切碎的巧克力中，靜置2～3分鐘使其融合。

🥣 用手持電動攪拌棒從中央開始攪拌，讓一部分先乳化，再慢慢向外側攪拌開來。

🥣 待溫度降至38～40℃後，放入切成5mm細丁狀的冰奶油，攪拌均勻。放涼後即可使用。

ⓐ

🥣 將細砂糖和可可粉攪拌均勻。
↓
🍳 將礦泉水煮沸，放進細砂糖和可可粉，用攪拌器攪拌使其融化。

22

甘納許・牛奶巧克力甘納許

Ganache chocolat au lait

這是普遍用於餐後甜點上最正統的甘納許。細緻柔順的感覺，最能展現出牛奶巧克力的絕妙滋味。若使用糖分較低的黑巧克力，可以加進轉化糖漿，讓口感更為滑順。另外，由於白巧克力相當甜，可以用在薄塗於海綿蛋糕上之類，將白巧克力的奶味當成提味使用吧！

材料
35%鮮奶油	150g
可可成分38%牛奶巧克力	250g

甜度　★★★★☆

濃厚度　★★★★☆

保存期限　冷藏5日。

運用方式　糕點的主要部分、糕點的內餡等。

白巧克力甘納許 Variation

材料
35%鮮奶油	150g
白巧克力	300g

黑巧克力甘納許 Variation

材料
35%鮮奶油	150g
可可成分55%巧克力	150g
轉化糖漿	25g

提味用的柔和的牛奶巧克力甘納許 Variation

材料
35%鮮奶油	150g
可可成分38%牛奶巧克力	180g

＊薄薄地塗在海綿蛋糕上，再噴灑上一點酒等，當做提味使用，效果相當好。

做法

🥣 將ⓐ倒進切碎的巧克力中，靜置2～3分鐘使其融合。

🥣 用手持電動攪拌棒從中央開始攪拌，讓一部分先乳化，再慢慢向外側攪拌開來。

🥣 攪拌至呈現光滑細膩的狀態為止。

ⓐ
🥄 將鮮奶油煮沸。

甘納許·
草莓牛奶巧克力甘納許

Ganache chocolat au lait aux fraises

混合等比例的鮮奶油和水果泥，在牛奶巧克力的美味中再增添酸味與鮮度。由於沒有一般的甘納許那麼甜，且有著慕斯所沒有的黏糊感，不妨將這個特點應用在適合的甜點上。與水果一起搭配來裝飾糕點的話，不但不會過於濃厚，還能展現出順口的美味。

材料
47%鮮奶油	115g
草莓果泥	115g
可可成分38%牛奶巧克力	
	250g

甜度	★★★☆☆
濃厚度	★★★☆☆
保存期限	冷藏3日。
運用方式	糕點的內餡、多層式糕點等。

做法

▼ 將 ⓐ 倒進切碎的巧克力中，靜置2～3分鐘使其融合。

▼ 用手持電動攪拌棒從中央開始攪拌，讓一部分先乳化，再慢慢向外側攪拌開來。

▼ 攪拌至呈現光滑細膩的狀態為止。

ⓐ
將鮮奶油和果泥一起煮沸。

甘納許·
巧克力塔
用甘納許

Ganache pour
tarte au chocolat

這是巧克力塔專用的甘納許。也有無蛋配方，但加入蛋會更濃郁，因此推薦含蛋的配方。比起只加蛋黃，加了全蛋的口感較硬，可視個人喜好選用。這款甘納許的材料是選用可可成分較低的巧克力，因此味道不會太膩，但塔的滋味會因甜塔皮的厚度而改變，因此請依喜好調整配方的比例。

材料
35%鮮奶油	150g
可可成分56%巧克力	115g
無鹽奶油	15g
全蛋	1/2個

＊由於加熱時間短，請務必選用新鮮的蛋。

甜度　　　★★★☆☆

濃厚度　　★★★☆☆

保存期限　當日用完。

運用方式　塔派類。

做法

🥣 將 ⓐ 倒進切碎的巧克力中，靜置2～3分鐘使其融合。

🥣 用手持電動攪拌棒從中央開始攪拌，讓一部分先乳化，再慢慢向外側攪拌開來。

🥣 攪拌至呈現光滑細膩的狀態為止。

🥣 待溫度降至37℃左右，就放進髮蠟狀的奶油，再放進過濾的全蛋，攪拌均勻。

🥣 倒進已經烤好的塔皮裡，用170℃的烤箱烤5分鐘。烤到塔皮的邊緣少許起縐的程度就完成了。

將鮮奶油煮沸。

甘納許·酒心巧克力用甘納許
Ganache au chocolat

倒進模具裡，做成酒心巧克力。做法和一般糕點用的甘納許並無不同，但因為加了轉化糖漿來防止結晶化，因此能長時間保持滑膩狀態。這裡使用的是結合了水果酸味和苦味的「孟加里巧克力」（法芙娜公司）。巧克力的水分含量會隨種類而不同；甘納許的整體水分若是過多就不易凝固，而且不耐保存，因此請配合所選用的巧克力而調整鮮奶油的用量。

材料

35%鮮奶油	180g
轉化糖漿	40g
可可成分64%巧克力	250g
無鹽奶油	70g

甜度　　★★★☆☆

濃厚度　★★★★☆

保存期限　冷藏的話，淋醬3週、生巧克力1週。冷凍則可保存1個月以上。

運用方式　酒心巧克力、生巧克力。

做法

⬛ 將ⓐ倒進切碎的巧克力中，靜置2～3分鐘使其融合。

⬛ 用手持電動攪拌棒從中央開始攪拌，讓一部分先乳化，再慢慢向外側攪拌開來。

⬛ 攪拌至呈現光滑細膩的狀態為止。

⬛ 放入切成5mm細丁狀的冰奶油，用手持電動攪拌棒使其乳化。

 ⓐ

將鮮奶油和轉化糖漿一起煮沸。

甘納許・酒心巧克力用
覆盆子甘納許
Ganache à la framboise

這裡介紹兩種使用水果泥的酒心巧克力用甘納許，一種是鮮奶油和果泥的用量相同，另一種則不加
鮮奶油。加了鮮奶油的質地柔細、味道順口，反之，不加鮮奶油的質地有些硬，覆盆子的風味能完
全散發出來而風格強烈。請依喜好的口感以及搭配的素材來選用配方。

材料		甜度	★★★☆☆
覆盆子果泥	120g	濃厚度	★★★☆☆
35%鮮奶油	120g		
轉化糖漿	50g	保存期限	冷藏的話，淋醬3 週、生巧克力1週。 冷凍則可保存1個月 以上。
可可成分56%巧克力	400g		
覆盆子利口酒	16g		
無鹽奶油	75g		

＊請事先將覆盆子果泥熬煮到剩
下100g。

運用方式　酒心巧克力、生巧
　　　　　克力。

Variation

覆盆子甘納許
（不加鮮奶油）

材料	
覆盆子果泥	245g
轉化糖漿	60g
可可成分56%巧克力	400g
無鹽奶油	75g

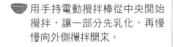
做 法

🥣 將ⓐ倒進切碎的巧克力中，靜
置2～3分鐘使其融合。

🥣 用手持電動攪拌棒從中央開始
攪拌，讓一部分先乳化，再慢
慢向外側攪拌開來。

🥣 攪拌至呈現光滑細膩的狀態為
止，散熱後加入覆盆子利口
酒。

🥣 待溫度降至38℃左右後，放入
切成5mm細丁狀的冰奶油，用
手持電動攪拌棒使其乳化。

ⓐ

🥄 將果泥、鮮奶油和
轉化糖漿一起煮
沸。

重奶油・
牛奶巧克力
重奶油

Crémeux au chocolat
au lait

做出鮮奶油和牛奶同比例的「英式奶油醬」為基底，再以此稀釋牛奶巧克力。特色在於味道溫和且接近冰淇淋般的獨特口感。主要運用於甜點杯，但也可以用來塗上薄薄一層，或者增加吉利丁的用量做成糕點的內餡。若使用黑巧克力的話，會只有英式奶油醬凝結而已；而使用牛奶巧克力及白巧克力的話，可以加進少量的吉利丁。

材料	
英式奶油醬基底	
（參考右述）	500g
吉利丁片	2g
可可成分41%牛奶巧克力	
	250g

甜度	★★☆☆☆
濃厚度	★★☆☆☆
保存期限	冷藏1日、冷凍2週。
運用方式	甜點杯、多層式糕點、增加吉利丁的用量則可做成糕點的內餡等。

Variation

黑巧克力重奶油
材料
英式奶油醬基底
　　　　　　　500g
可可成分66%巧克力
　　　　　　　200g

Variation

白巧克力重奶油
材料
英式奶油醬基底　　500g
吉利丁　　　　　　3g
白巧克力　　　　　280g

Base

英式奶油醬基底

材料
35%鮮奶油	200g
牛奶	200g
20%加糖蛋黃液	100g
細砂糖	20g

做法同p.5的「英式奶油醬」。

做法

● 將ⓐ倒進切碎的巧克力中，靜置2～3分鐘使其融合。

● 用手持電動攪拌棒從中央開始攪拌，讓一部分先乳化，再慢慢向外側攪拌開來。

● 攪拌至呈現光滑細膩的狀態為止。

 ⓐ

製作英式奶油醬，趁熱放進吉利丁使其融化，然後過濾。

28

重奶油·
異國水果風味·
白巧克力重奶油

Crémeux au chocolat blanc
fruits exotiques

在「英式奶油醬」裡加進水果
泥,然後以此來稀釋白巧克力
就完成了。味道溫和,但水果
風味突出。推薦加入百香果、
覆盆子等酸味強烈的果泥。奶
味重的白巧克力也很順口,最
適合運用於夏日甜點中。

材料	
英式奶油醬基底	
(參考p.28)	250g
吉利丁片	4g
異國風味水果泥	250g
白巧克力	300g
甜度	★★★☆☆
濃厚度	★★★☆☆
保存期限	冷藏1日、冷凍2週。
運用方式	甜點杯、多層式糕點、增加吉利丁的用量則可做成糕點的內餡等等。

Variation

黑醋栗 黑巧克力重奶油	
材料	
英式奶油醬基底	
(參考p.28)	250g
黑醋栗果泥	250g
轉化糖漿	40g
可可成分56%巧克力	240g

做法

🥣 將 ⓐ 倒進切碎的巧克力中,靜置2～3分鐘使其融合。

🥣 用手持電動攪拌棒從中央開始攪拌,讓一部分先乳化,再慢慢向外側攪拌開來。

🥣 攪拌至呈現光滑細膩的狀態為止。

製作英式奶油醬,趁熱放進吉利丁使其融化,然後過濾。放入加熱過的果泥,攪拌均勻。

重奶油 · 杏仁重奶油

Crémeux praliné amande

這是糕點用甘納許的果仁版。放進8分發泡的鮮奶油,讓它顯得有點輕盈。但和p.17的「果仁鮮奶油」不同,質地頗為濃厚,適用於可品嚐到果仁本身風味的甜點上。

材料	
35%鮮奶油	85g
吉利丁片	2g
杏仁糖	200g
35%鮮奶油(8分發泡)	100g

甜度	★★★★☆
濃厚度	★★★★☆
保存期限	冷藏1日、冷凍2週。
運用方式	薄塗在甜點上、少量使用時。

做法

🥣 將 一點一點放進杏仁糖中,充分攪拌使其乳化。

🥣 將打至8分發泡的鮮奶油分2次放入,攪拌均勻。

🥄 **a** 將鮮奶油煮沸,加進吉利丁使其融化,然後過濾。

重奶油・吉安地哈榛果巧克力重奶油

Crémeux gianduja

用「英式奶油醬」來稀釋有堅果風味的吉安地哈榛果巧克力（Gianduja），讓成品更富奶味。換句話說，英式奶油醬中會散發淡淡的堅果香，味道相當溫和。它和纖細的白起司也是絕配，若簡單地和香堤鮮奶油搭配，也比單獨品嚐更為輕爽。

材料		甜度	★★★★☆
英式奶油醬基底		濃厚度	★★★★☆
（參考p.28）	300g		
吉利丁片	2g	保存期限	冷藏1日、冷凍2週。
吉安地哈榛果巧克力	150g	運用方式	多層式糕點、甜點杯、糕點的內餡等。

做法

- 將ⓐ分數次倒進融化的吉安地哈榛果巧克力中，充分攪拌使其乳化。

- 攪拌至呈現光滑細膩的狀態為止。

> ⓐ
> 製作英式奶油醬，趁熱放進吉利丁使其融化，然後再過濾。

巧克力鮮奶油·
傳統巧克力鮮奶油
Chantilly chocolat traditionnel

這是一款將打發的鮮奶油加進巧克力中就完成的超簡單奶油醬。由於不加蛋，因此能表現出巧克力的苦味與美味。輕輕柔柔的模樣，讓人忍不住想直接拿來吃。和p.33「現代巧克力鮮奶油」的不同之處在於，這款的巧克力比例較高，也因此它更容易油水分離。製作訣竅在於將巧克力加熱到較高的溫度，且鮮奶油不要打得過發。量不多的話，能夠在短時間內完成便是它的魅力所在。

材料
可可成分55%巧克力————100g
35%鮮奶油（6分發泡）
————————————200g

甜度	★★★☆☆
濃厚度	★★★☆☆
保存期限	冷藏2日、冷凍2週。
運用方式	多層式糕點、裝飾用。

做法

🥄 融化巧克力，加熱至55～60℃。

🥄 放入1/3量的6分發泡的鮮奶油，攪拌均勻。

🥄 一口氣倒進剩餘的鮮奶油中，用攪拌器輕輕攪拌，然後改用橡皮刮刀攪拌均勻。

巧克力鮮奶油・
現代巧克力鮮奶油

Chantilly chocolat moderne

一次製作大量的巧克力鮮奶油時，要使它維持狀態穩定的方法，就用這款現代巧克力鮮奶油的製作方式。傳統的做法是將打發的鮮奶油加進熱巧克力中，但這款是將煮沸的鮮奶油加進融化的巧克力中，變成甘納許後，再加進另外打發的鮮奶油。口味和傳統的幾乎相同，魅力在於比較容易掌控溫度。

材料

35%鮮奶油	110g
可可成分55%巧克力	200g
35%鮮奶油（6分發泡）	
	240g

甜度	★★★☆☆
濃厚度	★★★☆☆
保存期限	冷藏2日、冷凍2週。
運用方式	多層式糕點、裝飾用。

做法

🥄 將ⓐ分數次倒進融化的巧克力中，充分攪拌使其乳化。

🥄 攪拌至呈現光滑細膩的狀態為止。讓溫度降到32～33℃。

🥄 放入1/3量的6分發泡的鮮奶油，攪拌均勻。

🥄 放進剩餘的鮮奶油中，用攪拌器輕輕攪拌，然後改用橡皮刮刀攪拌均勻。

ⓐ
將鮮奶油煮至沸騰。

巧克力鮮奶油・發泡白巧克力甘納許

Ganache chocolat blanc montée

味道介於甘納許和巧克力鮮奶油中間，是一款口感新穎的奶油醬。雖然有黏性，但因為奶油裡飽含空氣，因此不會厚重，多運用於多層式糕點或裝飾上。製作訣竅在於，和攪拌好的鮮奶油混合之前，須將做為基底的甘納許放在冰箱3小時以上。如此一來，即便甘納許的成分較多也不會油水分離，而能呈現出光滑柔細的狀態。想展現出法式甜點般濃郁的滋味時，就推薦這款甘納許。

材料
甘納許
　35%鮮奶油 ⋯⋯⋯⋯⋯ 115g
　轉化糖漿 ⋯⋯⋯⋯⋯⋯ 15g
　白巧克力 ⋯⋯⋯⋯⋯⋯ 155g
　35%鮮奶油（液狀）⋯⋯ 350g

甜度	★★★☆☆
濃厚度	★★☆☆☆
保存期限	冷藏2日、組合後冷凍2週。
運用方式	裝飾用、多層式糕點等。

做法

🥣 將 ⓐ 分數次倒進融化的巧克力中，用手持電動攪拌棒充分攪拌使其乳化。

🥣 攪拌至呈現光滑細膩的狀態為止。

🥣 放在冰箱3小時以上。最好能放置1晚。

🥣 放入液狀的鮮奶油，用攪拌器打發至適當的凝稠狀。

ⓐ
🥄 將鮮奶油和軟化糖漿一起煮沸。

Variation

發泡黑巧克力甘納許
材料
甘納許
　35%鮮奶油 ⋯⋯⋯⋯⋯ 115g
　轉化糖漿 ⋯⋯⋯⋯⋯⋯ 20g
　可可成分55%巧克力 ⋯ 110g
　35%鮮奶油（液狀）⋯⋯ 200g

慕斯·巧克力慕斯
（蛋白霜型）

Mousse au chocolat

這是一款使用生蛋的點心式慕斯。不用吉利丁而將巧克力的滋味滿滿展現出來。將它倒進盤子或玻璃杯中，和溫熱的英式奶油醬或冰冷的冰淇淋組合，即使溫度被改變了仍然十分可口。由於不將蛋加熱，請務必在當天之內享用。

材料
35%鮮奶油	65g
可可成分64%巧克力	100g
蛋黃	1個
蛋白霜	
蛋白	70g
細砂糖	20g

甜度　★★★☆☆

濃厚度　★★★★☆

保存期限　當日用完。

運用方式　盛盤甜點、甜點杯等。

做 法

- 將ⓐ分數次倒進融化的巧克力中，充分攪拌使其乳化。

- 攪拌至呈現光滑細膩的狀態為止。

- 放進蛋黃，攪拌均勻。

- 待溫度降至42～45℃後，分數次放入蛋白霜，充分攪拌均勻。

ⓐ

將鮮奶油煮沸。

蛋白霜

將蛋白和細砂糖打發至尖端有點下垂的凝稠度。

慕斯·
巧克力慕斯
（英式奶油醬型）

Mousse au chocolat

這款慕斯中的英式奶油醬，使用了更多的蛋黃而更為濃郁。特色在於苦味和巧克力的芳香都更為強烈。和使用了炸彈麵糊（pâte à bombe）或蛋白霜的慕斯相比，它的魅力在於比較有流動感，方便運用於小糕點上。單獨品嚐會過於濃厚，適合取少量與味道溫和的奶油醬搭配，或者用於蛋糕比例較多的糕點上，做出畫龍點睛的效果。

材料			甜度	★★★☆☆
英式奶油醬			濃厚度	★★★★☆
牛奶		450g	保存期限	冷藏2日、冷凍2週。
20%加糖蛋黃液		400g		
吉利丁片		9g	運用方式	糕點的內餡。
可可成分70%巧克力		500g		
35%鮮奶油（6～7分發泡）		500g		

做法

▽ 將ⓐ倒進切碎的巧克力中，靜置2～3分鐘使其融合。

 ⓐ

參考p.5製作「英式奶油醬」，趁熱放進吉利丁使其融化，然後過濾。

▽ 從中央開始攪拌，讓一部分先乳化，再慢慢向外側攪拌開來。

▽ 攪拌至呈現光滑細膩的狀態為止。

▽ 待溫度降至36℃後，加入1/3量的6～7分發泡的鮮奶油，攪拌均勻。

▽ 加進剩餘的鮮奶油中，用攪拌器輕輕攪拌，然後改用橡皮刮刀攪拌均勻。

慕斯·
牛奶巧克力慕斯
（英式奶油醬型）

Mousse au chocolat au lait

用牛奶巧克力做慕斯，會比用黑巧克力來得甜，也更富奶味而溫和順口。若要控制甜度，不妨加進少量的黑巧克力；但要是加得太多，就會減損牛奶巧克力的美味，這點須特別注意。在運用上，若以這款慕斯為主，裡面再放點酸味強的奶油醬，那麼在溫潤的滋味中，仍能達到令人印象深刻的效果。

材料

英式奶油醬

牛奶	50g
35%鮮奶油	50g
20%加糖蛋黃液	25g

吉利丁片 …… 3g
可可成分36%牛奶巧克力
…… 235g
35%鮮奶油（6～7分發泡）
…… 235g

甜度 ★★★★☆

濃厚度 ★★★☆☆

保存期限 冷藏2日、冷凍2週。

運用方式 糕點的主要部分。

Variation

白巧克力慕斯

材料

英式奶油醬

牛奶	330g
20%加糖蛋黃液	155g

吉利丁片 …… 11g
白巧克力 …… 330g
索米爾酒（Saumur，橙皮口味） …… 45g
35%鮮奶油（6～7分發泡）
…… 550g

＊做法相同，在放入鮮奶油之前，待散熱後先放進索米爾酒。

做法

🥣 將ⓐ分數次倒進融化的巧克力中，充分攪拌使其乳化。

🥣 攪拌至呈現光滑細膩的狀態為止。

🥣 待溫度降至30℃後，加入1/3量的6～7分發泡的鮮奶油，攪拌均勻。

🥣 放進剩餘的鮮奶油中，用攪拌器輕輕攪拌，然後改用橡皮刮刀攪拌均勻。

🥄 參考p.5製作「英式奶油醬」，趁熱放進吉利丁使其融化，然後過濾。

慕斯·巧克力慕斯（炸彈麵糊型）

Mousse au chocolat

炸彈麵糊型的巧克力慕斯由於缺乏流動性，難以倒進窄小的縫隙裡，近年來比較少甜點師傅使用了。不過，飽含空氣的輕盈口感，唯有炸彈麵糊才表現得出來，因此這是必學的一種慕斯。製作訣竅在於，宜事先將巧克力和部分鮮奶油混合好，做成甘納許狀後，再放進炸彈麵糊。因為氣泡很難攪破，因而得以打進更多的空氣。

材料		甜度	★★★☆☆
可可成分66%巧克力	240g	濃厚度	★★★★☆
35%鮮奶油（6～7分發泡）		保存期限	冷藏2日、冷凍2週。
	440g		
炸彈麵糊		運用方式	餐後甜點。
礦泉水	40g		
細砂糖	32g		
20%加糖蛋黃液	80g		

做法

 將巧克力加熱至55℃，使其融化。

 加入1/4～1/3量的6～7分發泡的鮮奶油，攪拌均勻 使其呈現甘納許狀。

加入炸彈麵糊，將全部攪拌均勻。

 加入剩餘的鮮奶油，用攪拌器輕輕攪拌，然後改用橡皮刮刀攪拌均勻。

炸彈麵糊

將礦泉水和細砂糖一起煮沸，做成糖漿。
↓
將蛋黃放進盆子裡，一邊攪拌，一邊將糖漿慢慢倒進去。
↓
隔水加熱，邊攪拌邊加熱至83℃。
↓
過濾，一邊用電動攪拌器打發到變白且濃稠的狀態，一邊使其冷卻。

慕斯·
牛奶巧克力慕斯
（炸彈麵糊型）

Mousse au chocolat au lait

同樣是用炸彈麵糊為基底的巧克力慕斯，但這款使用的是牛奶巧克力，因此不會凝結變硬，流動性較佳。它的魅力在於不僅能用在餐後甜點，也因為流動性佳而能運用在小糕點上。單獨使用的話，味道會太單調，建議與百香果慕斯等味道清晰的奶油醬搭配，才能令人印象深刻。

材料

可可成分40%牛奶巧克力
......300g
35%鮮奶油（6～7分發泡）
......500g
吉利丁片......6g
炸彈麵糊
　礦泉水......40g
　細砂糖......20g
　20%加糖蛋黃液......100g

甜度　★★★☆☆

濃厚度　★★★☆☆

保存期限　冷藏2日、冷凍2週。

運用方式　糕點的主要部分。

做法

 將巧克力加熱至55℃，使其融化。

 加入1/4～1/3量的6～7分發泡的鮮奶油，攪拌均勻，使其呈現甘納許狀。再放進 ⓐ，攪拌均勻。

 加入炸彈麵糊，將全部攪拌均勻。

 待溫度降至45～48℃後，加入剩餘的鮮奶油，用攪拌器輕輕攪拌，然後改用橡皮刮刀攪拌均勻。

ⓐ

融化吉利丁，一點一點加進打到6～7分發泡的鮮奶油，使其融合。

炸彈麵糊

 將礦泉水和細砂糖　起煮沸，做成糖漿。

↓

將蛋黃放進盆子裡，一邊攪拌，一邊將糖漿慢慢倒進去。

↓

隔水加熱，邊攪拌邊加熱至83℃。

↓

過濾，一邊用電動攪拌器打發到變白且濃稠的狀態，一邊使其冷卻。

慕斯·
葡萄柚
白巧克力慕斯

Mousse au chocolat blanc à la pamplemousse

這款慕斯是以英式奶油醬為基底，但奶油醬中的牛奶用果汁取代了。用果味來緩和巧克力的甜，讓口感更清爽。如果單純想強調水果風味的話，只要將果汁直接摻進巧克力中就行了，十分簡單，但加入蛋能增加美味。使用百香果等酸味強烈的果汁時，慕斯容易凝結，因此請混合巧克力和英式奶油醬後，待溫度降至40℃左右時，再加進鮮奶油。

材料		甜度	★★★☆☆
葡萄柚	250g		
20%加糖蛋黃液	100g	濃厚度	★★☆☆☆
吉利丁片	8g		
白巧克力	250g	保存期限	冷藏2日、冷凍2週。
索米爾酒（橙皮口味）	20g		
35%鮮奶油（6～7分發泡）		運用方式	糕點的主要部分。
	400g		

做法

 將 ⓐ 倒進切碎的巧克力中，放置2～3分鐘使其融合。

 從中央開始攪拌，讓一部分先乳化，再慢慢向外側攪拌開來。

 攪拌至呈現光滑細膩的狀態為止。待散熱後放進索米爾酒。

 待溫度降至40℃後，加入1/3量的6～7分發泡的鮮奶油，攪拌均勻。

 放進剩餘的鮮奶油中，用攪拌器輕輕攪拌，然後改用橡皮刮刀攪拌均勻。

ⓐ

參考p.5，用葡萄柚汁取代牛奶製作英式奶油醬。不加細砂糖。趁熱放進吉利丁使其融化，然後過濾。

40

慕斯·
香橙牛奶巧克力慕斯

Mousse au chocolat au lait à l'orange

這是專為結合柳橙與巧克力的甜點而創作出來的慕斯。柳橙的味道相當細緻，很難不被巧克力蓋過，但若是巧克力慕斯本身就添加柳橙風味，那麼不但味道不會被埋沒，還能做出口味很有整體感的甜點了。製作這款慕斯的訣竅在於，不只在炸彈麵糊中加進果汁，要連果皮也加進去，如此香氣才會更濃，且更能品嚐到水果的美味。我因為想要展現新鮮的果香，就待散熱後加進了果皮。

材料		甜度	★★★★☆
可可成分38%牛奶巧克力	130g	濃厚度	★★★☆☆
35%鮮奶油（6～7分發泡）		保存期限	冷藏2日、冷凍2週。
	250g		
吉利丁片	3g	運用方式	糕點的主要部分、甜點杯。
炸彈麵糊			
柳橙汁	35g		
細砂糖	30g		
20%加糖蛋黃液	50g		
柳橙皮磨碎	1/2個分		

做法

 將巧克力加熱至45～55℃，使其融化。

 加入1/3量的6～7分發泡的鮮奶油，輕輕攪拌，然後放進 a，攪拌均勻。

 一口氣加入炸彈麵糊，將全部攪拌均勻。

 加入剩餘的鮮奶油，用攪拌器輕輕攪拌，然後改用橡皮刮刀攪拌均勻。

a

融化吉利丁，一點一點加進打到6～7分發泡的鮮奶油，使其融合。

炸彈麵糊

將柳橙汁和細砂糖一起煮沸，做成糖漿。
↓
將蛋黃放進盆子裡，一邊攪拌，一邊將糖漿一口氣倒進去。
↓
隔水加熱，邊攪拌邊加熱至83℃。
↓
過濾，一邊用電動攪拌器打發到變白且濃稠的狀態，一邊使其冷卻。
↓
散熱後，放進柳橙皮。

慕斯・
焦糖巧克力慕斯

Mousse au chocolat au caramel

這款巧克力慕斯是先將砂糖煮成焦糖，再拌入做好的英式奶油醬。奶油醬的濃郁會讓整體口感更溫和，用它來當做以苦味巧克力為主的甜點內餡，就會中和原本的強烈苦味。宜注意避免將焦糖煮得過焦，才不會流於太苦。若想多放點砂糖的話，就要注意避免太甜，反正，就是要在甜度和焦度上取得平衡。

材料		甜度	★★★★☆
焦糖英式奶油醬		濃厚度	★★★★☆
細砂糖	100g		
35%鮮奶油	200g	保存期限	冷藏2日、冷凍2週。
20%加糖蛋黃液	50g		
吉利丁片	4g		
可可成分56%巧克力		運用方式	糕點的主要部分、甜點杯。
	130g		
35%鮮奶油（6～7分發泡）	280g		

做法

🥄 將巧克力加熱使其融化。

🥄 將 a 分數次倒進去，攪拌均勻使其乳化。

🥣 攪拌至呈現光滑細膩的狀態為止。

🥣 待溫度降至38～40℃後，分2～3次加入6～7分發泡的鮮奶油，用攪拌器輕輕攪拌，然後改用橡皮刮刀攪拌均勻。

 將砂糖以中火煮焦，在糖漿開始飛濺出來的時候熄火。
↓
 注意勿使糖漿煮沸溢出，在沸騰之前一點一點加入加熱過的鮮奶油，充分拌勻。
↓
 將蛋黃放進盆子裡，一邊攪拌，一邊將焦糖慢慢倒進去，充分拌勻。
↓
 放進鍋裡，以小火加熱，邊攪拌邊加熱至83℃。
↓
 放進吉利丁使其融化，用手持電動攪拌棒充分攪拌使其滑順後過濾。

a

42

巴巴露亞·
巧克力
巴巴露亞

Crème bavaroise au chocolat

這款不會過度強調巧克力的巴巴露亞，味道相當圓潤，適合用於夏日的巧克力甜點上。它的鮮奶油比例比慕斯低，因而口感滑順，甚至能予人清涼的感覺。要展現涼夏風味時，推薦將這款巧克力巴巴露亞運用於甜點杯上。這時，不妨減少吉利丁的用量，強調出柔滑感。

材料		甜度	★★☆☆☆
英式奶油醬		濃厚度	★★☆☆☆
牛奶	270g		
35%鮮奶油	270g	保存期限	冷藏2日、冷凍2週。
細砂糖	70g		
20%加糖蛋黃液	100g	運用方式	甜點杯。
吉利丁片	6g		
可可成分66%巧克力	150g		
35%鮮奶油（6～7分發泡）			
	450g		

做法

🥣 將巧克力加熱使其融化。

🥣 將 ⓐ 分數次倒進去，攪拌均勻使其乳化。

🥣 攪拌至呈現光滑細膩的狀態為止。

🥣 待溫度降至28～29℃後，分2～3次加入6～7分發泡的鮮奶油，用攪拌器輕輕攪拌，然後改用橡皮刮刀攪拌均勻。

ⓐ
參考p.5製作「英式奶油醬」，只不過，溫度煮到83℃即可，然後趁熱放進吉利丁片使其融化，然後過濾。

巴巴露亞・姜都亞巴巴露亞

Crème bavaroise au gianduja

這款巴巴露亞是使用較不甜的英式奶油醬，然後增加鮮奶油的用量，並減低姜都亞巧克力的比例，因此不會太濃厚。由於姜都亞巧克力的可可成分少，不易變硬，加入英式奶油醬後，就必須先等溫度降至28～30℃，讓它有點呈泥狀後，再加進鮮奶油。若是熱熱時就加進鮮奶油，整體不容易凝結，而且放進模具後表面會起泡，就不漂亮了。

材料		甜度	★★★☆☆
英式奶油醬基底（p.28）			
	200g	濃厚度	★★★☆☆
姜都亞牛奶巧克力	160g		
吉利丁片	3g	保存期限	冷藏1日、冷凍2週。
35%鮮奶油（6～7分發泡）		運用方式	糕點的內餡、糕點的主要部分、多層式糕點、甜點杯等。
	200g		

做法

🥣 將姜都亞巧克力加熱使其融化。

🥣 將 ⓐ 一點一點倒進去，從中央開始攪拌，讓一部分先乳化，再慢慢向外側攪拌開來。

🥣 攪拌至呈現光滑細膩的狀態為止。

🥣 待溫度降至28～30℃後，分2～3次加入6～7分發泡的鮮奶油，用攪拌器輕輕攪拌，然後改用橡皮刮刀攪拌均勻。

ⓐ

🥄 趁英式奶油醬基底還熱熱時，加進吉利丁使其融化，然後過濾。

44

奶油醬・
巧克力焦糖鮮奶油

Crème au caramel au chocolat

這是一款將巧克力當提味用的焦糖風味奶油醬。能讓人感受到焦糖中有極些微的巧克力風味，因而整體滋味更顯得鮮明強烈。由於不加英式奶油醬，能直接引出素料的味道，因此口感舒暢輕盈。容易製作也是它的魅力點。

材料		甜度	★★☆☆☆
細砂糖	200g	濃厚度	★★★☆☆
35%鮮奶油	250g		
吉利丁片	9g	保存期限	冷藏2日、冷凍2週。
可可成分66%巧克力			
	60g	運用方式	糕點的主要部分、甜點杯。
35%鮮奶油（6～7分發泡）			
	600g		

做法

🥣 將巧克力加熱使其融化。

🥣 將 a 分數次倒進去，攪拌均勻使其乳化。

🥣 攪拌至呈現光滑細膩的狀態為止。

🥣 待溫度降至35℃後，分2～3次加入6～7分發泡的鮮奶油，用攪拌器輕輕攪拌，然後改用橡皮刮刀攪拌均勻。

> **a**
>
> 🥄 將細砂糖以中火煮沸，當糖漿開始飛濺出來就熄火。
> ↓
> 🥄 注意勿使糖漿溢出，在沸騰之前一點一點加入加熱過的鮮奶油，充分拌勻。
> ↓
> 🥄 放進吉利丁使其融化，用手持電動攪拌棒充分攪拌使其滑順後，過濾。

奶油醬·
覆盆子牛奶
巧克力鮮奶油

Crème chocolat au lait
à la framboise

這款奶油醬的做法和甘納許一樣,都是增加水分來讓它更為柔滑。覆盆子果泥的用量和鮮奶油相同,因此味道相當清爽,常用於夏令的甜點塔上。也由於入口即化,而極適合用於甜點杯上。如果不加鮮奶油,而且將水分用量全部換成果泥的話,會直接帶出覆盆子的味道,但加入鮮奶油比較容易取得甜點整體的平衡。

材料		甜度	★★☆☆☆
覆盆子果泥	100g		
47%鮮奶油	100g	濃厚度	★★☆☆☆
可可成分38%巧克力	200g	保存期限	急速冷凍2週內、解凍後當日用完。
覆盆子利口酒	20g		
		運用方式	塔、甜點杯。

做法

🥄 將ⓐ倒進切碎的巧克力中,靜置2~3分鐘使其融合。

🥣 從中央開始攪拌,讓一部分先乳化,再慢慢向外側攪拌開來。

🥣 攪拌至呈現光滑細膩的狀態為止。

🥣 待溫度降至38℃左右,加進利口酒,然後充分拌勻。

　＊用於甜點塔時,要在奶油醬的溫度為38℃左右時倒進塔裡。

 ⓐ

將果泥和鮮奶油一起煮沸。

46

從3種基底發展出來
慕斯與
巴巴露亞

　　慕斯和巴巴露亞，從以前就有明確的差別了。巴巴露亞是以英式奶油醬為基底，然後加入少量的鮮奶油，再用吉利丁使其凝結。慕斯則是以義式蛋白霜或炸彈麵糊為基底，然後加入吉利丁，讓它起很多氣泡後再凝結。另一個特徵就是，慕斯的鮮奶油量比巴巴露亞多。

　　不過，最近也流行在巴巴露亞裡放進更多鮮奶油，讓它的口感和慕斯很接近，另方面，有些慕斯也使用英式奶油醬，因此兩者之間的界限愈來愈模糊了。在本書中，我自己是將以英式奶油醬為基底，鮮奶油量在全體總量的50%以下的，定義為巴巴露亞。

　　不論慕斯或巴巴露亞，剛做好時富流動性的狀態，和凝結後放置一天的狀態，味道其實不同。試做的時候，請務必擱置一天後確認味道如何。

慕斯・椰子慕斯
Mousse coco

這是一款使用義式蛋白霜讓它富含空氣而口感輕盈的椰子慕斯。這裡介紹的是為帶出椰子滋味而減少吉利丁用量，讓整體更柔順的配方。訣竅在於將果泥放涼到25℃後，加進鮮奶油，讓它具有一定的濃度後，再加進義式蛋白霜。要注意的是，溫度高的話，蛋白霜就會浮上來，但反之溫度太低，就要將凝結起來的慕斯重新加熱攪拌均勻，這麼一來又會油水分離。請用橡皮刮刀攪拌到表面會起波浪的凝稠度，那就是最適當的溫度了。

材料		甜度	★★☆☆☆
椰子果泥	500g		
吉利丁片	12g	保存期限	冷藏2天、冷凍2週。
椰子利口酒	30g		
35%鮮奶油（6～7分發泡）		運用方式	糕點的主要部分、甜點杯。
	500g		
義式蛋白霜			
細砂糖	120g		
礦泉水	36g		
蛋白	80g		

做法

 將稍微加熱後的果泥和融化的吉利丁混在一起，加進利口酒，放涼到25℃為止。

 分2～3次加入6～7分發泡的鮮奶油，攪拌均勻。

取一部分

 將義式蛋白霜全部放進去，用橡皮刮刀充分拌勻，但注意不要攪破氣泡。

義式蛋白霜

將細砂糖和礦泉水煮到118℃。
↓
用電動攪拌器打發蛋白。稍微發泡後，就一邊攪拌一邊慢慢加進糖漿，打至出現光澤、拉出來的尖端有點下垂的發泡程度為止。
↓
放進部分基底，用攪拌器打到柔滑狀態為止。

慕斯・栗子慕斯

Mousse au marron

這是以英式奶油醬為基底的慕斯。像栗子糊這種較硬的材料，與其使用炸彈麵糊或義式蛋白霜，不如使用英式奶油醬才比較容易混合而便於製作。這裡介紹的配方是使用砂糖含量較少的英式奶油醬，因此請一邊用橡皮刮刀充分攪拌，不要讓它油水分離，一邊用小火慢慢煮沸。

材料		甜度	★★☆☆☆
英式奶油醬			
牛奶	500g	保存期限	冷藏2日、冷凍2週。
20%加糖蛋黃液	200g		
細砂糖	20g	運用方式	糕點的主要部分、甜點杯。
吉利丁片	28g		
栗子糊	330g		
栗子醬	330g		
NEGRITA蘭姆酒	10g		
35%鮮奶油（6～7分發泡）			
	1000g		

做 法

■ 參考p.5製作「英式奶油醬」，趁熱放進吉利丁使其融化，然後攪拌均勻。

🍚 馬上加進ⓐ，用手持電動攪拌棒充分拌勻，然後過濾。

🍚 待散熱後，加進蘭姆酒。

🍚 等溫度降至35℃後，分2～3次加入6～7分發泡的鮮奶油，並且攪拌均勻。

> ⓐ
> 將栗子糊和栗子醬充分拌勻。

慕斯‧薄荷慕斯
Mousse à la menthe

這是使用了新鮮的荷蘭薄荷和薄荷利口酒做成英式奶油醬後，再以此奶油醬為基底做成的慕斯。新鮮的薄荷會散發美味和新鮮的香氣，而利口酒會讓香氣更強烈，將兩者組合後，就能加倍提升風味與清涼感。再加上一點點白巧克力來提味，會帶出些微的牛奶感覺，也會更襯托出薄荷的風味。

材料		甜度	★★☆☆☆
英式奶油醬			
牛奶	250g	保存期限	冷藏2日、冷凍2週。
荷蘭薄荷碎末	19g		
20%加糖蛋黃液	125g	運用方式	糕點的主要部分、塔等。
吉利丁片	14g		
白巧克力	85g		
薄荷利口酒	60g		
35%鮮奶油（6～7分發泡）			
	750g		

做法

🥣 將巧克力加熱使其融化。

🥣 將ⓐ分數次倒進去，攪拌均勻使其乳化。稍微散熱後加進利口酒。

🥣 待溫度降至25℃後，分2～3次加入6～7分發泡的鮮奶油，用攪拌器輕輕攪拌，然後改用橡皮刮刀攪拌均勻。

ⓐ

🥣 將牛奶和荷蘭薄荷以中火加熱至將近沸騰。
↓
🥣 熄火，蓋上鍋蓋，燜5～10分鐘。
↓
🥣 使用這個牛奶，然後參考p.5製作「英式奶油醬」。趁熱放進吉利丁使其融化，然後過濾，再放回薄荷葉。

慕斯・杏桃慕斯
Mousse aux abricots

這款慕斯因為飽含氣泡而特別地輕盈。採用炸彈麵糊做基底，特徵在於蛋黃的濃郁和杏桃的酸味。由於杏桃本身的味道較淡，因此宜加進切碎的果肉來提升酸味和果汁感。請待溫度降至20℃後再放進鮮奶油，讓它產生一定的濃度後再放進果肉，如此果肉才不會沉底，也要用心讓果肉均勻地分布在整個慕斯中。

材料

杏桃果泥	170g
吉利丁片	6g
杏桃果肉（切細丁）	120g
白蘭地酒	10cc
炸彈麵糊	
細砂糖	40g
礦泉水	30g
20%加糖蛋黃液	50g
35%鮮奶油（6～7分發泡）	170g

甜度　★★☆☆☆

保存期限　冷藏2日、冷凍2週。

運用方式　糕點的主要部分、糕點的內餡、當令的水果蛋糕等。

做法

🥣 將稍微加熱過的杏桃果泥和已經融化的吉利丁充分拌勻，放涼至20℃為止。

🥣 倒進炸彈麵糊和 ⓐ，充分攪拌。

🥣 分2～3次加入6～7分發泡的鮮奶油，用攪拌器輕輕攪拌，然後改用橡皮刮刀攪拌均勻。

ⓐ

將杏桃果肉用白蘭地酒浸泡10～15分鐘。

炸彈麵糊

將礦泉水和細砂糖一起煮沸，做成糖漿。

↓

🥣 將蛋黃放進盆子裡，一邊攪拌，一邊將糖漿慢慢倒進去。

↓

🥣 隔水加熱，邊攪拌邊加熱至83℃。

↓

🥣 過濾，一邊用電動攪拌器打發到變白且濃稠的狀態，一邊使其冷卻。

慕斯·
開心果慕斯
Mousse à la pistache

由於開心果富含油脂，這款慕斯的目標是要將開心果的味道完全引出來，但同時要抑制油膩和黏糊感，希望做成清淡的口味。因此，當做基底的英式奶油醬就不用鮮奶油，而全部使用牛奶來降低整體的油脂含量。再和香草相搭配，就能讓開心果的風味發揮得淋漓盡致了。

材料	
英式奶油醬	
牛奶	250g
香草	1/4根
20%加糖蛋黃液	75g
吉利丁片	10g
開心果糊	95g
35%鮮奶油（6～7分發泡）	
	600g

甜度	★★☆☆☆
保存期限	冷藏2日、冷凍2週。
運用方式	糕點的主要部分、糕點的內餡、甜點杯等。

做法

▽ 將 ⓐ 一點一點加進開心果糊中稀釋開來，然後過濾。

▽ 待溫度降至32～33℃時，分2～3次加入6～7分發泡的鮮奶油，用攪拌器輕輕攪拌，然後改用橡皮刮刀攪拌均勻。

ⓐ

參考p.5製作「英式奶油醬」，趁熱放進吉利丁使其融化。

52

慕斯·香橙慕斯
Mousse à l'orange

使用炸彈麵糊和義式蛋白霜來做出這款最輕盈的慕斯。由於柳橙的味道比較難散發出來，因此炸彈麵糊的部分就用果汁來取代水，還加進了利口酒和果皮來添加風味。最後才加進義式蛋白霜，而此時的訣竅就是，將摻入炸彈麵糊的部分慕斯放進蛋白霜後用攪拌器拌勻，這樣就不會整個黏成一坨了。

做法

🥣 將稍微加熱的柳橙汁和已經融化的吉利丁充分拌勻，放涼到30℃後，加進索米爾酒。

🥣 加進炸彈麵糊，然後充分攪拌。

🥣 放入1/3量的6～7分發泡的鮮奶油，攪拌均勻。

取一部分

🥣 放回剩餘的鮮奶油中，用橡皮刮刀攪拌均勻。

🥣 加進義式蛋白霜，用橡皮刮刀攪拌均勻。

炸彈麵糊

🥄 將柳橙汁和細砂糖一起煮沸，做成糖漿。
↓
🥣 將蛋黃放進盆子裡，一邊攪拌，一邊將糖漿慢慢倒進去。
↓
🥣 隔水加熱，邊攪拌邊加熱至80～83℃。
↓
🥣 過濾，一邊用電動攪拌器打發到變白且濃稠的狀態，一邊使其冷卻。待稍微散熱後，放進柳橙皮。

義式蛋白霜

🥄 將細砂糖和礦泉水煮到118℃。
↓
🥣 用電動攪拌器打發蛋白。稍微發泡後，就一邊攪拌一邊慢慢地加進糖漿，打至出現光澤、拉出來的尖端會挺立的發泡程度為止。由於砂糖的量不多，要注意不要打得過度發泡。
↓
🥣 放進部分基底，用攪拌器打到柔滑狀態為止。

材料

柳橙汁	240g	義式蛋白霜	
吉利丁片	25g	細砂糖	120g
索米爾酒		礦泉水	40g
（橙皮口味）	40g	蛋白	80g
炸彈麵糊			
柳橙汁	120g		
細砂糖	130g	甜度	★★☆☆☆
20%加糖蛋黃液	150g		
柳橙皮磨碎	30g	保存期限	冷藏2日、冷凍2週。
35%鮮奶油（6～7分發泡）	1050g	運用方式	糕點的主要部分、塔等。

慕斯·焦糖鮮奶油
Crème au caramel

這是一款使用鹽焦糖風味的英式奶油醬為基底，做出宛如鵝肝醬般濃厚，並且富黏稠感與光澤的慕斯型奶油醬。可以做為糕點的內餡來鎖住整體的滋味，不論和任何素材搭配，都只要一點點就能發揮功用。英式奶油醬的部分，如果使用牛奶，會因為焦糖的熱度而讓蛋白質凝固，口感較不佳，因此這裡僅使用鮮奶油。不讓焦糖太苦的訣竅就是不要煮到顏色變深，淡淡的就可以了。

材料		甜度	★★★☆☆
英式奶油醬			
細砂糖	250g	保存期限	冷藏2日、冷凍2週。
香草莢	1/2根		
35%鮮奶油	400g	運用方式	糕點的內餡等。
鹽	3g		
20%加糖蛋黃液	150g		
吉利丁片	14g		
35%鮮奶油（6～7分發泡）			
	700g		

做法

- 將細砂糖和香草以中火加熱。

- 煮到變色、剛剛起泡後就熄火，然後一點一點倒進 a，充分拌勻。

- 將蛋黃放進盆子裡，一邊攪拌，一邊將鹽味焦糖倒進去。

- 放進鍋中，一邊攪拌一邊以小火加熱。

- 待溫度降至83～85℃後，加進吉利丁使其融化，用手持電動攪拌棒攪拌至呈柔滑狀態為止，然後過濾。

- 放涼到38℃後，分2～3次加入6～7分發泡的鮮奶油，用攪拌器輕輕攪拌，然後改用橡皮刮刀攪拌均勻。

沸騰之前 ←

a
- 將鹽加進鮮奶油中拌勻，以中火加熱。

慕斯・焦糖慕斯
Mousse au caramel

這是只有以炸彈麵糊為基底才能呈現出的輕軟又纖細的慕斯。它的味道剛好與濃厚的焦糖鮮奶油呈對比，適合用於想讓甜點感覺更輕爽時，也可以單獨使用。由於砂糖的用量較少，不容易呈現出焦糖風味，因此這裡的做法是將焦糖煮焦一點，讓苦味更明顯。

材料

細砂糖	280g
香草莢	1/2根
35%鮮奶油	320g
吉利丁片	13g
35%鮮奶油（6～7分發泡）	700g

炸彈麵糊

礦泉水	50g
細砂糖	50g
20%加糖蛋黃液	150g

甜度　★★☆☆☆

保存期限　冷藏2日、冷凍2週。

運用方式　糕點的主要部分，也可以單獨當做糕點使用。

做法

🥄 將細砂糖和香草以中火加熱。

🥄 煮到變色、剛剛起泡後就熄火，待整個沉靜下來後，就一點一點倒進 ⓐ，充分拌勻。

🥄 待稍微散熱後，加進吉利丁使其融化，用手持電動攪拌棒攪拌到呈現光滑狀態為止，然後放涼到47～48℃。

🥣 放入1/3量的6～7分發泡的鮮奶油，攪拌均勻。

🥣 放進炸彈麵糊，充分拌勻。

🥣 放進剩餘的鮮奶油中，充分攪拌均勻。

沸騰之前 ←

ⓐ
🥄 將鮮奶油以中火加熱。

炸彈麵糊

🥄 將礦泉水和細砂糖煮沸，做成糖漿。
↓
🥣 將蛋黃放進盆子裡，一邊攪拌，一邊將糖漿倒進去。
↓
🥣 隔水加熱，邊攪拌邊加熱至83℃。
↓
🥣 過濾，一邊用電動攪拌器打發到變白且濃稠的狀態，一邊使其冷卻。

慕斯・
杏仁慕斯

Mousse praliné amande

這款慕斯是以英式奶油醬為基底，訣竅在於如何控制甜味又能帶出杏仁和焦糖的芬芳。其實，所使
用的杏仁糖本身就是決定慕斯滋味的關鍵，因此最重要的就是嚴選品質最佳的杏仁糖了。

材料
英式奶油醬
　牛奶　　　　　　　　　　　　250g
　細砂糖　　　　　　　　　　　60g
　20%加糖蛋黃液　　　　　　　150g
吉利丁片　　　　　　　　　　　18g
杏仁糖　　　　　　　　　　　　330g
35%鮮奶油（6〜7分發泡）
　　　　　　　　　　　　　　　850g

甜度　★★★☆☆

保存期限　冷藏2日、冷凍2週。

運用方式　糕點的主要部分等。

做 法

🥄 將 ⓐ 一點一點加進杏仁糖中，
　充分攪拌使其慢慢乳化。然後
　過濾，放涼至33〜35℃。

🥄 分2〜3次加入6〜7分發泡的鮮
　奶油，用攪拌器輕輕攪拌，然
　後改用橡皮刮刀攪拌均勻。

ⓐ

參考p.5製作「英式
奶油醬」，趁熱放
進吉利丁片使其融
化。

慕斯·肉桂慕斯
Mousse à la cannelle

材料中，有將近70%都是鮮奶油。這款慕斯的特徵便是直接用打發的鮮奶油做出如慕斯般獨特的口感。訣竅在於主角肉桂是混合了肉桂粉和肉桂枝，因而香味更有深度。由於鮮奶油的用量多，和英式奶油醬摻在一起後會馬上變涼，因此宜在英式奶油醬的溫度於37～38℃時加入，就能預防製作過程中變涼而凝結了。

材料

英式奶油醬

35%鮮奶油	250g
肉桂枝	4根
細砂糖	140g
肉桂粉	8g
20%加糖蛋黃液	100g
吉利丁片	18g
35%鮮奶油（6～7分發泡）	
	1200g

甜度　★★☆☆☆

保存期限　冷藏2日、冷凍2週。

運用方式　糕點的主要部分等。

做 法

🥣 將細砂糖、肉桂粉和蛋黃用打蛋器攪拌均勻。

🥣 將ⓐ一點一點倒進去，然後充分攪拌。

🍳 放回鍋中，開小火，一邊攪拌一邊加熱至83℃。然後放進吉利丁使其融化，過濾。

🥣 放涼到37～38℃時，分2～3次加入6～7分發泡的鮮奶油，用攪拌器輕輕攪拌，然後改用橡皮刮刀攪拌均勻。

ⓐ

🥄 將磨碎的肉桂枝加進鮮奶油中，然後煮沸。
↓
🍳 熄火，蓋上鍋蓋，燜10分鐘。

慕斯·
覆盆子慕斯

Mousse à la framboise

水果泥的用量達全體的35%。這種水分較多的慕斯，就要以英式奶油醬為基底，並讓它飽含更多的空氣，才能使口感輕盈。由於在混合時氣泡會慢慢消失，且為了防止油水分離，可以在糖漿裡添加海藻糖，這樣吃起來雖然沒那麼甜，但仍可保有甜質，還能加強保形性，讓氣泡更安定。用炸彈麵糊做基底也能達到相同的效果，只是蛋的黃色會讓慕斯的顏色變混濁，為了呈現出鮮艷的水果色澤，還是英式奶油醬最適合。

材料

覆盆子果泥	250g
吉利丁片	9g
覆盆子利口酒	35g
35%鮮奶油（6～7分發泡）	
	330g
義式蛋白霜	75g

義式蛋白霜的材料

細砂糖	70g
海藻糖	50g
礦泉水	36g
蛋白	60g

甜度 ★★★☆☆

保存期限 冷藏2日、冷凍2週。

運用方式 糕點的主要部分、糕點的內餡等。

做法

🥣 將稍微加熱後的果泥和已經融化的吉利丁混在一起，再加進利口酒充分拌勻，放涼到38℃。

🥣 分2～3次加入6～7分發泡的鮮奶油後，攪拌均勻。

取一部分

🥣 將義式蛋白霜全部放進去，用橡皮刮刀充分拌勻，但注意不要攪破氣泡。

義式蛋白霜

🥄 將細砂糖、海藻糖、礦泉水煮至116～118℃。
↓
🥣 用電動攪拌器打發蛋白。稍微發泡後，就一邊攪拌一邊慢慢地加進糖漿，打至出現光澤、拉出來的尖端會挺直的發泡程度為止。放涼到25℃。
↓
🥣 放進部分基底，用攪拌器打到柔滑狀態，並且充分融合。

58

慕斯・
百香果慕斯

Mousse au fruit de la passion

和p.58的「覆盆子慕斯」一樣，都是屬於水分較多的慕斯，但這裡用的是黃色的百香果，就算以炸彈麵糊做基底也不致顏色混濁，成品可以很漂亮。因此，這裡介紹的配方是混合了炸彈麵糊和英式奶油醬，要做出相當輕盈的口感，而且，也將介紹如何減少炸彈麵糊的砂糖用量來抑制發泡，做出可以層層重疊的黏稠度。

材料

百香果泥	40g
吉利丁片	8g
百香果利口酒	20g
炸彈麵糊	
百香果泥	200g
細砂糖	20g
20%加糖蛋黃液	95g
35%鮮奶油（6～7分發泡）	320g
義式蛋白霜	95g

義式蛋白霜的材料

細砂糖	120g
海藻糖	50g
礦泉水	50g
蛋白	100g

甜度　★★★☆☆

保存期限　冷藏2日、冷凍2週。

運用方式　多層式糕點。

做法

 將稍微加熱後的果泥和已經融化的吉利丁混在一起，再加進利口酒，放涼到30℃。

 加進炸彈麵糊，攪拌均勻。

 加入1/3量的6～7分發泡的鮮奶油，攪拌均勻。然後放回剩餘的鮮奶油中，用橡皮刮刀攪拌均勻。

 將義式蛋白霜全部放進去，用橡皮刮刀充分拌勻。

取一部分

炸彈麵糊

將果泥和細砂糖一起煮沸，做成糖漿。
↓
將蛋黃放進盆子裡，一邊攪拌，一邊將糖漿慢慢倒進去。
↓
隔水加熱，邊攪拌邊加熱至80～83℃。
↓
過濾，一邊用電動攪拌器打發到變白且濃稠的狀態，一邊使其冷卻。

義式蛋白霜

將細砂糖、海藻糖、礦泉水一起熬煮至116～118℃。
↓
用電動攪拌器打發蛋白。稍微發泡後，就一邊攪拌一邊慢慢加進糖漿，打至出現光澤、拉出來的尖端會挺直的發泡程度為止。
↓
 放進部分基底，用攪拌器打到柔滑狀態為止。

慕斯・草莓慕斯
Mousse à la fraise

這款慕斯的配方相當簡單，就只有使用鮮奶油、水果泥、利口酒、砂糖、吉利丁而已，目標是追求入口即化的美妙口感。適用於草莓這類味道纖細的水果，能夠直接帶出素材的原味。不但容易製作，而且一年四季都能讓人品嚐到絕妙的輕爽，因此學起來大有用處。

材料		甜度	★★☆☆☆
草莓果泥	250g	保存期限	冷藏2日、冷凍
細砂糖	33g		2週。
吉利丁片	10g		
草莓利口酒	25g	運用方式	糕點的主要部
35%鮮奶油（6～7分發泡）			分、糕點的內
	375g		餡等。

做法

🥣 將細砂糖放進稍微加熱後的果泥裡，使其融化。

🥣 放進 ⓐ 後攪拌均勻，再放進利口酒。放涼到30℃。

🥣 分2～3次加入6～7分發泡的鮮奶油，用攪拌器輕輕攪拌，然後改用橡皮刮刀攪拌均勻。

取一部分

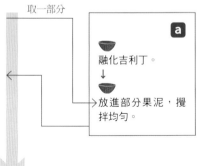

ⓐ

融化吉利丁。
↓
放進部分果泥，攪拌均勻。

慕斯・
洋梨慕斯

Mousse à la poire

要用洋梨這類味道樸素又纖細的水果來做慕斯的話，最好用果泥取代牛奶來製作英式奶油醬，效果會更好，風味會一下膨脹起來。這裡的配方是加了脫脂奶粉來保留慕斯原有的牛奶美味，再用果肉增加口感和新鮮盈水的風味。將英式奶油醬和鮮奶油混在一起時，英式奶油醬的溫度要比平時低，才能做出黏稠度而不讓果肉沉底。

材料	
20%加糖蛋黃液	40g
細砂糖	28g
脫脂奶粉	5g
香草莢	1/2根
洋梨果泥	120g
礦泉水	20g
吉利丁	5g
糖漬洋梨（切成小顆粒）	100g
洋梨利口酒	15g
檸檬汁	5g
35%鮮奶油（6～7分發泡）	
	165g

甜度	★★★☆☆
保存期限	冷藏2日、冷凍2週。
運用方式	糕點的主要部分、夏洛特蛋糕（Charlotte）等。

做法

🥣 將 ⓐ 一點一點倒進蛋黃裡，充分攪拌。

🥄 放回鍋裡，以小火加熱到83℃。放進吉利丁使其融化，然後過濾。

🥣 散熱後，放進切成5mm小顆粒的洋梨、利口酒、檸檬汁，全部攪拌均勻，要攪拌到相當的黏稠度，讓果肉不會一下就沉底。

🥣 分2～3次加入6～7分發泡的鮮奶油，用攪拌器輕輕攪拌，然後改用橡皮刮刀攪拌均勻。

ⓐ

🥄 將細砂糖和脫脂奶粉用打蛋器攪拌均勻。
↓
🥄 放進香草、果泥、礦泉水後，用攪拌器充分攪拌，然後煮沸。

冰鎮慕斯・
覆盆子冰鎮慕斯

Mousse glacée framboise

飽含空氣的冰鎮慕斯，最大特徵在於雖然黏糊糊的，但口感輕盈。不用冰淇淋來做，因此長時間冰著也不會變得太硬，這也是它的魅力所在。用麥芽糖來防止冰的結晶化、用急速冷凍的方式使它立即凝固、盡可能飽含更多空氣，只要做到這三點就不難了。除了覆盆子，其實也很容易做出其他口味，請務必挑戰看看。不過，這裡的配方為了降低義式蛋白霜的甜味而減用了不少砂糖，請注意不要過度發泡而讓它變得乾巴巴的。

材料

炸彈麵糊

細砂糖	20g
麥芽糖	20g
礦泉水	20g
蛋黃	2個
覆盆子果泥	110g
47%鮮奶油（8分發泡）	150g
覆盆子利口酒	20g

義式蛋白霜

細砂糖	15g
麥芽糖	15g
礦泉水	10g
蛋白	1個

甜度　★★★☆☆

保存期限　冷藏2日、冷凍2週。

運用方式　冰鎮慕斯、冰鎮舒芙蕾、芭菲（parfait）等。

做法

🥄 將細砂糖、麥芽糖、礦泉水加熱至118～121℃，做成糖漿。

🥣 將蛋黃放進盆子裡，再一邊倒進糖漿一邊攪拌。

🥣 隔水加熱。一邊攪拌一邊加熱至83℃。

🥣 過濾。用電動攪拌器打發到變白且呈黏稠狀態為止，然後放涼。

🥣 放進果泥，充分攪拌。

🥣 將ⓐ分2～3次放進去，用攪拌器輕輕攪拌，然後改用橡皮刮刀攪拌均勻。

🥣 將義式蛋白霜分數次放進去，充分拌勻，但不要攪破氣泡。擠進模型或容器裡，急速冷凍。

ⓐ

將利口酒倒進8分發泡的鮮奶油中。

義式蛋白霜

🥄 將細砂糖、麥芽糖、礦泉水煮至118℃。
↓

用電動攪拌器打發蛋白。稍微發泡後，就一邊攪拌一邊慢慢加進糖漿，打至出現光澤、拉出來的尖端會挺直的發泡程度為止。

巴巴露亞・香草巴巴露亞

Bavaroise à la vanille

這是一款使用只有牛奶的英式奶油醬,再加上已發泡的鮮奶油後,用吉利丁凝結起來的最基本的巴巴露亞。這裡的配方是將鮮奶油的用量增加到等同牛奶的量,讓它充滿少許空氣,而且不會太甜的清淡款。用在甜點杯時,就減少吉利丁的用量,然後放置一天使其凝結後,口感會更滑順。

材料

英式奶油醬

20%加糖蛋黃液	60g
細砂糖	45g
牛奶	200g
香草莢	2/5根
吉利丁片	4g
35%鮮奶油(6～7分發泡)	
	200g

甜度　★★★☆☆

保存期限　冷藏2日、冷凍2週。

運用方式　夏洛特蛋糕、甜點杯等。

做法

🥣 將蛋黃和半量的細砂糖打到完全變白、拉出來的尖端會挺直的發泡程度為止。

🥣 將ⓐ一點一點倒進去,充分拌勻。　　←　沸騰之前

🥄 放回鍋裡,以小火加熱,一邊攪拌一邊加熱至83℃,待呈現黏稠狀後即可熄火。

🥄 放進吉利丁使其融化,然後過濾,用冰水冷卻至16～18℃。

🥣 分2次放進6～7分發泡的鮮奶油,攪拌到呈現柔滑狀態為止。

ⓐ
🥄 將牛奶、半量的細砂糖、香草放進鍋裡,以中火加熱。

巴巴露亞・
伯爵茶
巴巴露亞

Crème bavaroise au thé earlgréy

用萃取出伯爵茶風味與色澤的牛奶來製作英式奶油醬，再做成巴巴露亞。紅茶中，就屬伯爵茶的香氣特別強，因此很適合做成甜點。選用茶葉較細的，才能夠萃取出香氣和好滋味。不過，味道和香氣都會因品牌而異，請根據所選用的茶葉來調整配方。

材料	
英式奶油醬	
20%加糖蛋黃液	75g
細砂糖	35g
牛奶	250g
伯爵茶葉	12g
吉利丁片	6g
35%鮮奶油（6～7分發泡）	
	250g

甜度	★★☆☆☆
保存期限	冷藏2日、冷凍2週。
運用方式	夏洛特蛋糕、糕點的主要部分等。

做法

🥣 將蛋黃和細砂糖打到完全變白、拉出來的尖端會挺直的發泡程度為止。

🥣 將ⓐ一點一點倒進去，充分拌勻。

🥄 放回鍋裡，以小火加熱，一邊攪拌一邊加熱至83℃，待呈現黏稠狀後即可熄火。

🥄 放進吉利丁使其融化，然後過濾，用冰水冷卻至32～33℃。

🥣 分2次放進6～7分發泡的鮮奶油，攪拌到呈現柔滑狀態為止。

ⓐ

🥄 將茶葉放進煮沸的牛奶中，用攪拌器充分攪拌，蓋上鍋蓋燜4分鐘，然後過濾。

巴巴露亞・
荔枝巴巴露亞
Bavarois ah litchi

以水果泥和檸檬汁製成的英式奶油醬為基底，這是一款具清涼感的夏日風巴巴露亞。放進玻璃杯中，讓果肉藏在巴巴露亞裡，或者華麗地裝飾在上面，視覺和味覺都能呈現出新鮮水靈靈的感覺，而將夏日氣氛一舉提上來。除了荔枝以外，也可以使用其他水果，但若水果的味道很濃，就先用水稀釋果泥，讓濃度變稀後再使用。

材料

英式奶油醬

20%加糖蛋黃液	60g
細砂糖	18g
荔枝果泥	200g
檸檬汁	15g
吉利丁片	5g
荔枝利口酒	10g
35%鮮奶油（6～7分發泡）	
	200g

甜度　★★★☆☆

保存期限　冷藏2日、冷凍2週。

運用方式　甜點杯等。

做法

- 將蛋黃和細砂糖打到完全變白、拉出來的尖端會挺直的發泡程度為止。

- 將⒜一點一點倒進去，充分拌勻。

- 放回鍋裡，以小火加熱，一邊攪拌一邊加熱至82～83℃，待呈現黏稠狀後即可熄火。放進吉利丁使其融化，然後過濾。

- 用冰水冷卻。待散熱後放進利口酒，然後放涼至21℃。

- 分2次放進6～7分發泡的鮮奶油，攪拌到呈現柔滑狀態為止。

沸騰之前

 a

將果泥和檸檬汁以中火加熱。

以溫度控管
和時機決定口感
奶油做的
奶油餡

　　說到這類奶油餡的使用方法，最先浮出腦海的是燒菓子（烤製甜點）的夾層。用在生菓子（鬆軟帶餡的甜點）裡面的話，往往令人覺得老套，但和使用鮮奶油的奶油醬相比，這種用奶油（butter）做成的奶油餡更能直接引出素材的原味，用它當做內餡，就能賦予甜點強烈的風格。再說，現在的蛋糕卷多半使用香堤鮮奶油為主體，如果換成這種奶油餡的話，反倒能予人新鮮感。

　　製作訣竅在於奶油的溫度控管和放奶油的時間點。依奶油的狀態不同，完成後的口感也會截然不同，甚至連奶油融化的溫度都會不一樣。本書已經介紹了少量使用時非常方便的「混合髮蠟狀的奶油」的製作方法，但若要大量使用，就要放進切碎的固態奶油加以混合，才能保持奶油的最佳狀態。

　　可以冷凍保存，但最好是完成後立即使用。如果冷凍後再解凍使用，就會破壞氣泡而讓口感變得沉重。

奶油·
義式蛋白霜奶油餡

*Crème au beurre
à la meringue Itarlienne*

這是以義式蛋白霜為基底的奶油餡。它具有耐熱、不太會鬆垮下來的特性，經常用來當做燒菓子的夾層和裝飾結婚蛋糕等。訣竅在於使用煮至121℃的高糖度糖漿來製作濃稠的義式蛋白霜。也可以用巧克力和水果等來調製出不同口味的奶油餡。

材料

義式蛋白霜

細砂糖	260g
礦泉水	80g
蛋白	130g
無鹽奶油	500g

甜度　★★★☆☆

保存期限　冷藏5日、冷凍1個月。

運用方式　達克瓦茲蛋糕或馬卡龍的夾層用、餐後甜點、結婚蛋糕的裝飾用。

做法

◤ 將細砂糖、礦泉水煮至121℃。

◢ 用電動攪拌器充分打發蛋白。然後一邊攪拌一邊慢慢加進糖漿，打至出現光澤、拉出來的尖端會挺直的發泡程度為止。然後改為低速，一邊攪打一邊讓它冷卻。

◢ 放進髮蠟狀的奶油，用攪拌器充分拌勻。

奶油·
英式蛋白霜奶油餡

Crème au beurre à l'anglaise

這是以英式奶油醬為基底的奶油餡。特徵在於口感柔順，即使冰冰的也入口即化。質地濃郁、滋味芳美，最適合用於生菓子中。也很推薦和卡士達醬搭配當做糕點的夾層。請選用柔軟性佳的奶油，才能做出更柔滑的口感。

材料
英式奶油醬
　牛奶　　　　　　　　　250g
　細砂糖　　　　　　　　130g
　香草莢　　　　　　　　1/2根
　20%加糖蛋黃液　　　　100g
無鹽奶油　　　　　　　　500g

甜度　　　★★★☆☆

保存期限　冷藏5日、冷凍1個月。

運用方式　多層式糕點、糕點的裝
　　　　　飾用。

做法

🥣 將蛋黃和半量的細砂糖用打蛋器混拌到泛白為止。

🥣 將 a 一點一點倒進去，充分拌匀。　　← 沸騰之前

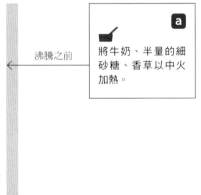

a

將牛奶、半量的細砂糖、香草以中火加熱。

🍳 放回鍋裡，以小火加熱，一邊攪拌一邊加熱至83～85℃。

🍳 待呈現黏稠狀後即可熄火，然後過濾，用冰水冰鎮使其散熱。

🥣 放進髮蠟狀的奶油，用攪拌器充分拌匀。

奶油·
炸彈麵糊奶油餡

Crème au beurre à pâte à bombe

這是以炸彈麵糊為基底的奶油餡。它同時兼有以義式蛋白霜為基底，以及以英式奶油醬為基底的奶油餡的特徵，飽含著空氣而質地輕軟，卻帶有蛋的濃郁。這裡的炸彈麵糊，我希望它不那麼甜但能維持優良的保形性，因此所減少的細砂糖用量就以海藻糖來補足。

材料
炸彈麵糊
　　細砂糖　　　　　　　　35g
　　海藻糖　　　　　　　　15g
　　礦泉水　　　　　　　　50g
　　20%加糖蛋黃液　　　　50g
無鹽奶油　　　　　　　　150g

甜度　　★★★☆☆

保存期限　冷藏5日、冷凍1個月。

運用方式　糕點的內餡、多層式糕
　　　　　點、糕點的裝飾用等。

做法

一邊將 a 慢慢倒進蛋黃裡，一邊攪拌。

放回鍋裡，以小火加熱，一邊攪拌一邊加熱至83℃。

過濾。用電動攪拌器一邊打發到變白呈黏稠狀態為止，一邊讓它冷卻散熱。

放進髮蠟狀的奶油，用攪拌器攪拌均勻。

a

將細砂糖、海藻糖、礦泉水煮沸，做成糖漿。

檸檬奶油
Crème au citron

檸檬和奶油的用量幾乎相同。這是一款酸味強烈且超濃厚的檸檬塔用奶油餡。在三十年前,主要做法是將全部材料一起隔水加熱,但最近的做法則多偏向將牛奶換成檸檬汁,像製作英式奶油醬那樣先製作出奶油醬,最後再放進奶油使其乳化。這種做法可以保有奶油原本的柔軟性而讓口感更滑順。由於奶油的用量很多,請在奶油醬的溫度降至50℃時放進奶油。如果和打發的鮮奶油摻在一起,就能做出慕斯,如果調整奶油的用量和酸味,也能當成糕點的內餡使用。做成檸檬塔的話,由於一冷凍表面就會起縐,最好於製作當天使用。

材料		甜度	★★☆☆☆
檸檬汁	75g		
檸檬皮磨碎	1個分	保存期限	冷藏當日、冷凍1～2週。
全蛋	1個		
細砂糖	35g	運用方式	檸檬塔、糕點的內餡等。
吉利丁	1g		
無鹽奶油	60g		

做法

🥣 將全蛋和細砂糖用打蛋器混拌至泛白為止。

🥣 將ⓐ一點一點倒進來,攪拌均勻。

沸騰之前

> ⓐ 將檸檬汁和檸檬皮放進鍋中,以中火加熱。

🥄 放回鍋裡,以小火加熱,一邊攪拌一邊加熱至83℃。

🥄 待呈現黏稠狀後即可熄火,放進吉利丁使其融化。放涼至50℃。

🥄 放進切成5mm的小丁但已經軟化到不成丁狀的奶油,用攪拌器使其乳化。

70

檸檬奶油·熱帶奶油餡

Crème tropiques

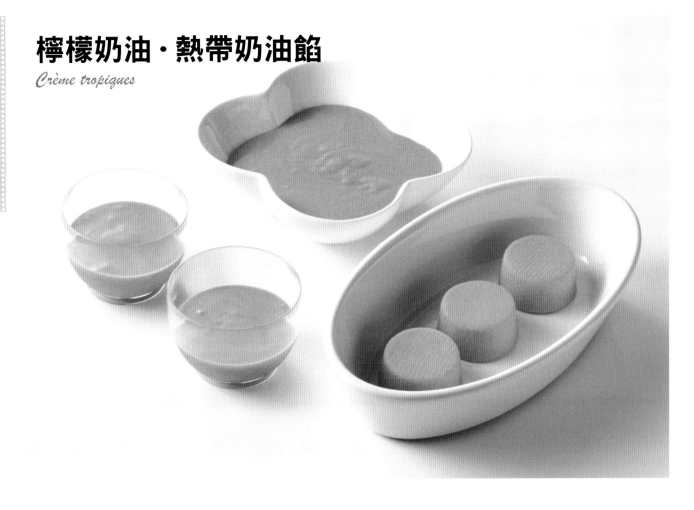

在檸檬奶油餡裡添加芒果和百香果滋味。這裡介紹的是減少奶油量而可以直接當成糕點內餡使用的配方。由於不放鮮奶油，可以直接引出素材的原味，再加上和奶油的濃厚感相輔相成，絕妙的滋味令人印象深刻。用量太多的話會讓甜點整個變重，因此訣竅在於少量即可。

材料
芒果泥	235g
百香果泥	75g
20%加糖蛋黃液	60g
細砂糖	55g
吉利丁	4g
無鹽奶油	75g

甜度　★★★☆☆

保存期限　冷藏當日、冷凍2～3週。

運用方式　糕點的內餡。

做法

🥣 將蛋黃和細砂糖用打蛋器混拌至泛白為止。

🥣 將 a 一點一點倒進來，攪拌均勻。 ← 沸騰之前

a
以中火加熱果泥。

🥄 放回鍋裡，以小火加熱，一邊攪拌一邊加熱至83℃。

🥄 待呈現黏稠狀後即可熄火，放進吉利丁使其融化，然後過濾，放涼至38℃。

🥄 放進切成5mm的小丁但已經軟化到不成丁狀的奶油，用攪拌器使其乳化。

栗子奶油·
栗子奶油餡

Crème de marron au beurre

這是加了奶油，讓蘭姆酒充分發揮作用的經典款蒙布朗用奶油餡。奶油的油脂成分會讓人誤以為很油膩，但出乎意料地，反而讓栗子的甜味溫和怡人，而且有防止乾燥，讓表面維持光澤的作用。栗子是同時使用果糊和果泥，果糊愈多就愈容易凝結。請依個人喜好調整用量。若不使用果泥，而且將奶油的用量增加到栗子糊的一半的話，就可以用在酒心巧克力中。

材料	
栗子糊	300g
栗子果泥	100g
無鹽奶油	40g
NEGRITA蘭姆酒	8g

甜度　★★★★☆

保存期限　冷藏5日。

運用方式　蒙布朗、糕點的主要部分。

做法

🥄 將栗子糊、栗子果泥、回到常溫的奶油用打蛋器全部攪拌均勻，使其飽含空氣。

🥄 倒進蘭姆酒，用打蛋器攪拌均勻，直到呈現出柔滑的奶油狀態即可。

72

完全鎖住新鮮風味

起司做的奶油醬

本章要介紹使用白起司、鮮奶油起司、馬斯卡彭起司來製作的奶油醬。

一提到使用起司的奶油醬，或許你會認為它是安茹白起司蛋糕、提拉米蘇、起司蛋糕等代表性起司甜點專用的，但其實它也很適合跟水果、巧克力等各種素材搭配，是能夠隨心所欲運用的奶油醬。

白起司很容易油水分離，製作訣竅在於和蛋白霜混合時，不要讓溫度過高，才能做出輕軟的凝結度。鮮奶油起司方面，近年來推出很多極為柔軟的產品，非常好用。日本國產的品牌很多都相當優質，當中有些使用很少的乳化劑，食後的口感相當舒暢。至於馬斯卡彭起司，日本推出的大半都是可長期保存的高溫殺菌型，個人覺得似乎失去原有的美味；而起司經典國義大利所產的比較具有獨特的濃郁口感和甜味，個人比較推薦。

不論哪一種起司，放置一段時間後味道都會很快跑掉，因此最基本的製作訣竅就是，要在新鮮狀態下使用，才能將新鮮風味完全發揮在奶油醬中。

鮮奶油起司·奶油醬·炸彈麵糊 起司慕斯

*Mousse au fromage
à pâte à bombe*

這是很經典的生起司蛋糕用慕斯。做為基底的炸彈麵糊本身比從前更輕，再加上檸檬的酸味成為重點，與其說是經典，倒更偏向現代風的輕爽滋味。訣竅在於加進優格來減少乳脂肪含量，讓口味更清淡。若想追求濃郁的滋味，可以用酸奶油取代優格，也可以增加鮮奶油起司的用量來提高乳脂肪含量。

材料

鮮奶油起司	200g
優格	100g
檸檬汁	35g
吉利丁	6g
炸彈麵糊	
礦泉水	35g
細砂糖	25g
20%加糖蛋黃液	75g
35%鮮奶油（6～7分發泡）	250g

甜度　★★☆☆☆

保存期限　冷藏1日、冷凍2週。

運用方式　生起司蛋糕。

做法

 將優格和檸檬汁放進加熱過呈柔滑狀態的鮮奶油起司中，攪拌均勻。

 放進 a，充分攪拌後過濾，放涼至26～27℃。

 放進炸彈麵糊，將全部攪拌均勻。

 分2～3次加入6～7分發泡的鮮奶油，用攪拌器輕輕攪拌，然後改用橡皮刮刀攪拌均勻。

取一部分 →

a

將部分鮮奶油起司和已經融化的吉利丁摻在一起，攪拌均勻。

炸彈麵糊

將礦泉水和細砂糖一起煮沸，做成糖漿。

↓

將蛋黃放進盆子裡，一邊攪拌，一邊將糖漿慢慢倒進去。

↓

隔水加熱，邊攪拌邊加熱至83℃。

↓

過濾，一邊用電動攪拌器打發到變白且濃稠的狀態，一邊使其冷卻。

鮮奶油起司·奶油醬
英式起司慕斯

*Mousse au fromage
a l'anglaise*

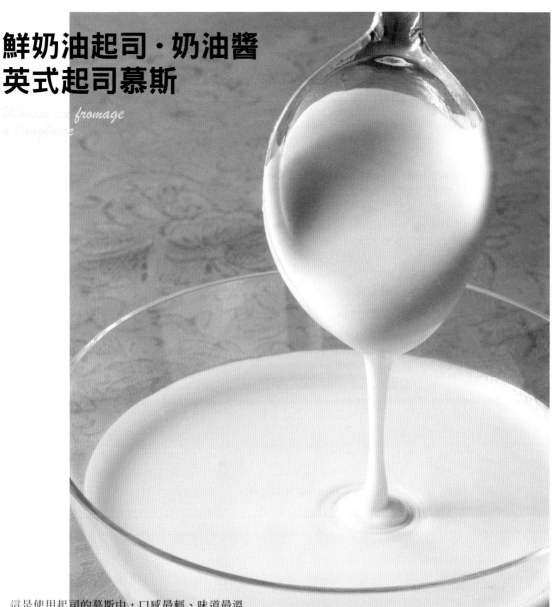

這是使用起司的慕斯中，口感最輕、味道最溫和的一款。不能單獨使用，而是專門用來搭配藍莓、芒果等水果的。它的魅力在於水分的比例高而富流動性，因此能輕易倒進小型容器裡。不光是餐後甜點，它也能應用在小糕點上，可說用途極廣，因此有愈來愈多甜點師傅製作這款慕斯。訣竅在於過濾之前要先用手持電動攪拌棒攪拌。如果直接過濾，會讓起司留在濾網上，就沒有入口即化的口感了。

材料		甜度	★★☆☆☆
英式奶油醬			
牛奶	200g	保存期限	冷藏1日、冷凍2週。
細砂糖	145g		
20%加糖蛋黃液	60g	運用方式	糕點的主要部分、生起司蛋糕。
吉利丁	18g		
鮮奶油起司	500g		
優格	250g		
35%鮮奶油（6～7分發泡）			
	600g		

做法

🥣 將蛋黃、1/3量的細砂糖用打蛋器混拌到泛白為止。

🥣 將ⓐ一點一點放進去，攪拌均勻。 ← 沸騰之前

🥘 放回鍋裡，以小火加熱，一邊攪拌一邊加熱至83℃。

🥘 待呈現黏稠狀後即可熄火。放進吉利丁和恢復到室溫的鮮奶油起司，用手持電動攪拌棒攪拌到呈現柔滑狀態，然後過濾。放涼到23～25℃。

🥣 放進優格並攪拌均勻，分2～3次放進6～7分發泡的鮮奶油，用攪拌器輕輕攪拌，然後改用橡皮刮刀攪拌均勻。

ⓐ
🥄 將牛奶、2/3量的細砂糖以中火加熱。

鮮奶油起司・奶油醬・生起司

Fromage à cru

只是混合鮮奶油起司、酸奶油和糖粉而已，是極其簡單的生起司蛋糕用奶油醬。不但容易製作，而且沒有氣泡，黏稠濃厚的美味是其他奶油醬無法展現出來的。由於只要一點點就能有滿足感了，推薦運用在小型的蛋糕上。又因為沒有使用吉利丁，因此請選用固態的鮮奶油起司。我個人偏愛使用味道絕佳的丹麥產品。

材料

鮮奶油起司	200g
糖粉	50g
酸奶油	180g

甜度　★☆☆☆☆

保存期限　冷藏1日、冷凍2週。

運用方式　使用甜塔皮的生起司蛋糕。

做法

將糖粉放進恢復到室溫的鮮奶油起司中，充分攪拌到呈現柔滑狀態為止。

放進酸奶油，充分攪拌到呈現柔滑的奶油狀為止。

白起司·奶油醬·義式蛋白霜
白起司奶油

這款奶油醬幾乎是安茹白起司蛋糕的專用醬。用雙倍奶油（Double cream）來增強濃郁感，再和義式蛋白霜混合，就能呈現出無比的輕盈感。它和水果很搭，和果醬組合也很美味，但若想要品嚐到白起司的纖細風味，搭配海綿蛋糕是最棒的。

材料	
白起司	500g
雙倍奶油	250g
吉利丁片	10g
義式蛋白霜	
細砂糖	100g
海藻糖	70g
礦泉水	55g
蛋白	120g

甜度　★★★☆☆

保存期限　冷藏1日、冷凍2週。

運用方式　安茹白起司蛋糕等。

做法

🥣 將白起司和雙倍奶油用攪拌器攪拌到呈現柔滑狀態為止。

取一部分 →

🥣 放進 ，攪拌到呈現柔滑狀態為止。

🥣 分2～3次放進義式蛋白霜，全部攪拌均勻。

a

🥣 將這一部分稍微加熱，然後放進已經融化的吉利丁中，攪拌均勻。注意不要讓吉利丁變成顆粒。

義式蛋白霜

🥄 將細砂糖、海藻糖、礦泉水煮至116～118℃。
↓
🥣 用電動攪拌器打發蛋白。稍微發泡後，就一邊攪拌一邊慢慢地加進糖漿，打至出現光澤、拉出來的尖端會挺立的發泡程度為止。由於砂糖的量不多，須注意不要打得過度發泡。

白起司·奶油醬
英式白起司奶油

Crème au fromage blanc à l'anglaise

這款奶油醬是由蛋黃比例較高的英式奶油醬和白起司組合而成的。讓英式奶油醬的濃郁感完全發揮出來，只會感覺到一點點白起司的味道而已。至於如何運用這種似有若無的特色呢？其實與芒果或百香果這類風味強烈的素材相搭，最是絕配了！這時白起司的風味會格外亮眼。

材料

英式奶油醬

牛奶	185g
細砂糖	125g
20%加糖蛋黃液	185g
吉利丁片	20g
白起司	500g
35%鮮奶油（6～7分發泡）	
	900g

甜度　★★☆☆☆

保存期限　冷藏1日、冷凍2週。

運用方式　糕點的主要部分。

做法

- 將蛋黃和半量的細砂糖用打蛋器混拌到泛白為止。

- 將ⓐ一點一點倒進去，充分拌勻。 ←　沸騰之前

> ⓐ
> 將牛奶、半量的細砂糖放進鍋裡，以中火加熱。

- 放回鍋裡，以小火加熱，一邊攪拌一邊加熱至83℃。

- 待呈現黏稠狀後即可熄火。放進吉利丁、白起司，用手持電動攪拌棒攪拌到呈現柔滑狀態。過濾後，放涼到20～22℃。

- 分2～3次放進6～7分發泡的鮮奶油，用攪拌器輕輕攪拌，然後改用橡皮刮刀攪拌均勻。

馬斯卡彭起司奶油醬・提拉米蘇奶油

Crème tiramisu

這是將馬斯卡彭起司的甜香做最大發揮的提拉美蘇用奶油醬。一般都是將馬斯卡彭起司放進炸彈麵糊裡，我的做法則是，用濃郁度不輸炸彈麵糊的多蛋黃的英式奶油醬來稀釋馬斯卡彭起司。由於流動性高，很方便倒進小型容器裡，也可以品嚐到更香滑的口感。

材料

英式奶油醬

牛奶	100g
細砂糖	40g
20%加糖蛋黃液	48g
吉利丁片	4g
馬斯卡彭起司	200g

35%鮮奶油（6~7分發泡）
...............................180g

甜度 ★★★☆☆

保存期限 冷藏1~2日、冷凍2週

運用方式 提拉米蘇、糕點的主要部分等。

做法

- 將蛋黃和半量的細砂糖用打蛋器混拌到泛白為止。

- 將ⓐ一點一點倒進去，充分拌勻。　←沸騰之前

- 放回鍋裡，以小火加熱，一邊攪拌一邊加熱至83℃。

- 待呈現黏稠狀後即可熄火。放進吉利丁、馬斯卡彭起司，攪拌到呈現柔滑狀態為止。過濾後，放涼到22~23℃。

- 分2~3次放進6~7分發泡的鮮奶油，用攪拌器輕輕攪拌，然後改用橡皮刮刀攪拌均勻。

> **ⓐ**
> 將牛奶、半量的細砂糖放進鍋裡，以中火加熱。

馬斯卡彭起司‧奶油醬
馬斯卡彭香草奶油

*Crème vanille
mascarpone*

乍見會以為這只是香堤鮮奶油，但一送進嘴裡，馬斯卡彭起司的美味立即在口中化開來。用法和香堤鮮奶油一樣，可以當做裝飾或夾層用的奶油醬，也可以搭配水果或咖啡，可說用途廣泛又方便。用一般的香堤鮮奶油會覺得少了一味時，就可以使用這款奶油醬，因為馬斯卡彭的濃郁會讓甜點的味道更豐裕。請依照要搭配的各式甜點來酌量調整馬斯卡彭起司的用量和風味強度。此外，由於乳脂肪含量高，容易變得乾乾的，請注意不要過度攪打發泡。

材料
40%鮮奶油	250g
馬斯卡彭起司	65g
細砂糖	25g
香草（J-Forte香草糊〔娜麗茹卡 Narizuka股份有限公司〕）	2g

＊J-Forte香草糊，是內含已加熱處理過的香草豆的香草糊。

甜度　★★★☆☆

保存期限　冷藏1～2日。

運用方式　裝飾用、蛋糕卷、水果蛋糕等的夾層用。

做法

- 將所有材料混在一起，打到8分發泡，用攪拌器舀起來尖端會彎曲的程度。

- 用冰水冰鎮。

對材料與做法的
匠心獨具
私房創意
奶油醬

　　本章將介紹使用珍貴的材料、新興的材料製作出來的個性化奶油醬，以及近年來在日本也人氣直上的重奶油。

　　重奶油（Crémeux）是指乳脂肪含量較高的奶油醬（Crème），原本是從前的用語，但不知是否因為這個詞現在聽起來反倒因復古而新鮮，感覺上有愈來愈多甜點師傅都喜歡用重奶油這個名字了，也因此定義變得模糊不清。不過，我自己向來都是把乳脂肪含量較高的奶油醬稱為重奶油的。

　　我製作了很多經典的奶油醬，也積極採用最先進的材料，就是希望透過這些製作，讓甜點工藝的世界愈來愈豐富美妙。

米的奶油醬・
女皇米糕佐無花果

Riz à l'impératrice
et aux figues

用牛奶煮米，然後和英式奶油醬混合起來的「女皇米糕」，是法國的傳統甜點。為了配合日本人的口味，這裡的配方是將米量減半，然後用無花果乾的果糊來變化口感，重新調製成輕爽的奶油醬。米本身就具有淡淡的甜香，製作訣竅在於使用較不具黏性的泰國香米，而且要煮到很柔軟，就算冷掉也不會變硬的程度。除了無花果，也可以使用杏桃、栗子等，只要是和英式奶油醬很搭的素材，都可以拿來做變化。

材料

無花果乾的果糊	90g
礦泉水	180g
泰國香米	90g
牛奶	350g
英式奶油醬	
牛奶	180g
香草莢	1/3根
細砂糖	75g
20%加糖蛋黃液	70g
吉利丁片	7g
35%鮮奶油（6～7分發泡）	
	300g

甜度　★★☆☆☆

保存期限　冷藏1日、冷凍2週。

運用方式　單獨當做糕點用、糕點的主要部分。

做法

■ 將泰國香米和牛奶放進大鍋子裡，蓋上鍋蓋，用小火煮到柔軟，過程中請務必注意不讓鍋底燒焦。請依米的種類不同而調整加熱時間和牛奶的用量。煮好後放到盆子裡。

■ 放進 b，將米飯一粒一粒分開，稍微散熱。

■ 放進 a，放涼到27℃，讓它呈黏稠狀，飯粒不會沉底的程度。

■ 分2～3次放進6～7分發泡的鮮奶油，用攪拌器輕輕攪拌，然後改用橡皮刮刀攪拌均勻。

b
參考p.5製作「英式奶油醬」，趁熱放進吉利丁片使其融化，然後過濾。

a
將無花果糊的果肉部分再切碎一點，然後和礦泉水一起煮沸，煮時邊用攪拌器攪拌開來。

重奶油·香草重奶油
Crémeux à la vanille

用鮮奶油取代牛奶來做英式奶油醬,然後用吉利丁凝固。這款奶油醬的乳脂肪含量高,味道溫和,但由於香草的風味強烈,放在甜點裡一點也不會被埋沒。它經常被用來綜合巧克力的濃厚感,不妨以這個配方為基底,再配合用途,將香草換成利口酒或果汁,就又能變化出各種不同風味的奶油醬了。倒進容器或烤模時,要先冷卻到呈黏稠狀,讓香草顆粒不會沉底才行。

材料

35%鮮奶油	350g
香草莢	1½根
20%加糖蛋黃液	100g
細砂糖	40g
吉利丁片	4g

甜度　★★☆☆☆

保存期限　冷藏2日、冷凍2週。

運用方式　糕點的內餡、甜點杯、多層式糕點。

做法

◗ 將蛋黃和細砂糖用打蛋器混拌到泛白為止。

◗ 將ⓐ一點一點倒進去,充分拌勻。　← 沸騰之前

ⓐ 將鮮奶油、香草放進鍋裡,以中火加熱。

◗ 放回鍋裡,以小火加熱,一邊攪拌一邊加熱至83～85℃。

◗ 待呈現黏稠狀後即可熄火。放進吉利丁使其融化,然後過濾。

重奶油・
異國水果風味重奶油

Crémeux aux fruits exotiques

將p.83的「香草重奶油」用熱帶水果加以變化，是專為與夏日風的巧克力甜點搭配所設計的奶油醬。以百香果泥和香蕉果泥代替糖，酸甜均衡，味道清淡。如果加進鳳梨果泥做內餡，就會讓糕點更加清爽。

材料

香蕉果泥	300g
百香果泥	100g
35%鮮奶油	200g
20%加糖蛋黃液	150g
吉利丁片	5g

甜度　★★☆☆☆

保存期限　冷藏2日、冷凍2週。

運用方式　糕點的內餡、多層式糕
　　　　　點。

做法

🥣 將蛋黃攪拌到泛白為止。

🥣 將 ⓐ 一點一點倒進去，充分拌勻。　　　　　　　沸騰之前

　　　　　　　　　　　　　　ⓐ
　　　　　　　　　將果泥、鮮奶油放
　　　　　　　　　進鍋裡，以中火加
　　　　　　　　　熱。

🍳 放回鍋裡，以小火加熱，一邊攪拌一邊加熱至83～85℃。

🍳 待呈現黏稠狀後即可熄火。放進吉利丁使其融化，然後過濾。

甜點杯用奶油醬・椰子奶油

Crème coco

這是一款相當柔和的甜點杯專用奶油醬。吉利丁雖然是凝結奶油醬所不可或缺的材料，但其實它有包住味道讓味道出不來的缺點。因此，既然用在甜點杯上的奶油醬不需要保形性，就可以將吉利丁的用量減到最低，讓它入口即化。這裡，我還加了轉化糖漿，讓素材的味道更能直接展現出來。只不過，切忌加過量的轉化糖漿，否則味道會變得濃膩。製作訣竅在於，混合鮮奶油以外的材料後，須先冷卻至11℃，讓它產生一定的濃稠度後，再和鮮奶油混在一起。

材料

牛奶	450g
35%鮮奶油	100g
轉化糖漿	10g
細砂糖	90g
脫脂奶粉	50g
吉利丁片	9g
椰子果泥	150g
35%鮮奶油（6分發泡）	100g

甜度　★★☆☆☆

保存期限　冷藏2日、冷凍2週。

運用方式　甜點杯。

做法

- 將牛奶、鮮奶油、轉化糖漿以中火加熱。

- 待溫度達到60℃後，放進 a 使其融化，接著再放進吉利丁使其融化。

- 放進果泥，充分攪拌，放涼至11℃。

- 分2次放進6分發泡的鮮奶油，用攪拌器輕輕攪拌，然後改用橡皮刮刀攪拌均勻。

a
將細砂糖和脫脂奶粉充分拌勻。

栗子奶油醬・栗子鮮奶油

Crème de marron à la crème

用鮮奶油取代奶油（butter），做出現代風的輕爽柔和口味，是蒙布朗專用的奶油醬。用在蒙布朗
上面時，這款奶油醬和內側的香堤鮮奶油的比例，將決定出整體的味道。若要將這款奶油醬大量擠
在蛋糕體上時，可以增加鮮奶油的用量，讓味道變得更清淡些，做出不甜而味道均衡的蒙布朗來。

材料

栗子糊	200g
栗子醬	50g
35%鮮奶油（液狀）	50g

甜度　★★★★☆

保存期限　冷藏2日。

運用方式　蒙布朗。

做法

🥣 用打蛋器將栗子糊和栗子醬攪
拌到呈現柔滑狀態為止。

🥣 加進鮮奶油，用打蛋器攪拌至
呈現柔滑狀態為止。

栗子奶油醬・栗子奶油

Crème de marron

這也是一款蒙布朗專用的奶油醬，但不加奶油也不加鮮奶油，只是混合了栗子糊、栗子醬和栗子果泥來調整甜度和凝稠度。它能完全品嚐出栗子的美味，偏向日式甜點風，我店裡的蒙布朗，就是以這款奶油醬為主角。它和鮮奶油簡直是絕配，而且完全不油膩。由於容易乾掉，訣竅在於用在甜點上頭時，可以撒些糖粉覆蓋起來。

材料

栗子糊	100g
栗子醬	100g
栗子果泥	100g
白蘭地酒	5g

甜度　　★★★★☆

保存期限　冷藏5日。

運用方式　蒙布朗。

做法

將全部材料用食物調理機攪拌到呈現柔滑狀態為止，然後過濾。

蘋果奶油醬・蘋果奶油

Crème à la pomme

製作蘋果慕斯，與其使用市售的果泥，不如在家自己用新鮮的蘋果和果汁熬煮成果醬來得味道更豐裕。這款蘋果奶油醬，不使用義式蛋白霜，也不用炸彈麵糊，就是要做出蘋果滋味更明確紮實的感覺。而且用保留果粒增加口感來去除厚重的刻板印象。可以單獨使用，搭配肉桂慕斯也十分美味。

材料

蘋果（紅玉）切成薄片	300g
無鹽奶油	20g
粗糖	60g
香草莢	1/3根
檸檬汁	35g
吉利丁片	7g
蘋果汁	30g
蘋果白蘭地	25g
35%鮮奶油（6分發泡）	300g

甜度　★★☆☆☆

保存期限　冷藏2日、冷凍2週。

運用方式　糕點的主要部分、單獨當成糕點使用。

做法

1. 將蘋果、奶油、粗糖、香草、檸檬汁用中火煮到軟化為止。

2. 放進食物調理機中，打成還保留一點果粒的果泥狀。

3. 將果泥放進已經融化的吉利丁中，攪拌均勻，然後加進蘋果汁和蘋果白蘭地。

4. 分2～3次放進6分發泡的鮮奶油，用攪拌器輕輕攪拌，然後改用橡皮刮刀攪拌均勻。

義式奶酪・義式奶酪
panna cotta

搭配酸味的果醬或新鮮水果一起運用在甜點杯上，不但顏色很搭，而且富華麗感。這是一款相當容易製作，就算單獨使用也超受歡迎的奶油醬，好用極了！這裡的配方是在鮮奶油裡加進牛奶，屬於味道清淡型。此外，這裡是用香草來增添芳香，但也可以換成檸檬或萊姆的果皮，就更有清涼感了。

材料

牛奶	75g
47%鮮奶油	200g
細砂糖	30g
香草莢	1/10根
吉利丁片	3g

甜度　★★★☆☆

保存期限　冷藏2日、冷凍2週。

運用方式　甜點杯。

做 法

將牛奶、鮮奶油、細砂糖、香草以中火加熱。

待溫度到達60℃後，放進吉利丁使其融化，然後放在冰水中冰鎮到15℃。

倒進容器裡，放進冰箱使其凝固。

糕點用烤布蕾·
伯爵茶烤布蕾

Crème cuit au thé earl grey

將烤布蕾運用在糕點的內餡中。利用加進少量的粉類來讓它具有保形性，即使烘烤，中央也不會塌陷，因此能讓糕點有美麗的橫切面。不烤而用吉利丁來讓它固定是比較方便沒錯，但烤布蕾的黏糊感不烤就展現不出來。若想追求原始的口感，請務必試試這款烤布蕾。

材料
牛奶 200g
35%鮮奶油 200g
伯爵茶葉 10g
20%加糖蛋黃液 100g
細砂糖 20g
鮮奶油粉 12g

甜度 　★☆☆☆☆

保存期限　冷凍2週、解凍後1日。

運用方式　糕點的內餡。

做法

- 將蛋黃和細砂糖用打蛋器攪拌，然後加進鮮奶油粉。

- 將 ⓐ 一點一點倒進去，充分拌勻。　　　　　　　　80℃

- 倒進烤模中，攪破表面的氣泡。

- 放進130℃的烤箱中烤30分鐘。烤到將烤模傾斜時汁液不會流出來，表面也不會波動的凝固程度就完成了。然後急速冷凍。

ⓐ

🍳 將牛奶、鮮奶油煮沸。
↓
🍳 放進茶葉，用攪拌器充分攪拌，蓋上鍋蓋燜4分鐘。
↓
🍳 過濾後，以中火加熱。

含玉米粉的奶油醬·覆盆子奶油

Crème à la framboise

這款奶油醬是在水果泥中放進玉米粉,像煮卡士達醬那樣,讓它具有濃稠度。比起用吉利丁來凝結,放進玉米粉會更具黏度,也能直接帶出素材的原味,只要用一點點當做糕點的內餡,就能充分感受到奶油醬的強烈存在。由於加入粉類會感覺沉甸甸的,因此建議搭配清爽的奶油醬來讓整體味道更均衡。

材料
玉米粉 9g
細砂糖 15g
覆盆子泥 150g

甜度　★★☆☆☆

保存期限　冷藏1日、冷凍2週。

運用方式　糕點的內餡。

做法

🍫 將玉米粉和細砂糖混在一起。

🥄 放進果泥中,以中火加熱。邊加熱邊用攪拌器攪拌到呈現柔滑有光澤的狀態就煮好了。

🥄 熄火,放進冰水裡冰鎮。持續用橡皮刮刀攪拌來維持滑順狀態,同時讓它散熱。

果凍・
葡萄柚果凍

*Gelée à la
pamplemousse*

這是使用凝固劑「PEARLAGAR-8」來凝固的果凍。最大特徵在於新鮮盈水，入喉的感覺滑順極
了。它能耐熱到50℃也不會融化，是夏日甜點的寵兒。此外，用吉利丁來凝固的話，放久會變硬，
但這款不會，具有方便依喜好來調整口感的好處。

材料

PEARLAGAR-8	21g
細砂糖	80g
礦泉水	300g
葡萄柚果汁	430g

甜度　★★☆☆☆

保存期限　冷藏2日。

運用方式　甜點杯。

做法

◉ 將「PEARLAGAR-8」和細砂糖混
在一起。

◉ 放進煮沸的礦泉水中使其融化，然
後倒進葡萄柚汁，攪拌均勻。

▥ 當溫度降至40～50℃時，倒進容器
裡，然後放在冰水中，連同冰水一
起放進冰箱使其凝固。

果凍・
芒果果凍

Gelée à la mangue

這款果凍的吉利丁用量比一般還少，是讓它放置一晚慢慢凝結起來的。入口即化般的柔嫩，豐滿而富彈性的口感，只有用吉利丁才能展現出來。此外，使用吉利丁片要比吉利丁粉，顏色來得清澈且味道更純淨。只不過，要在上面裝飾水果的話，就有必要增加吉利丁的用量，讓果凍凝結得更硬才不會讓水果沉下去。

材料

芒果泥	175g
17波美度的糖漿	150g
黑櫻桃酒（maraschino）	9g
吉利丁	7g
礦泉水	150g

甜度　★★★☆☆

保存期限　冷藏2日。

運用方式　甜點杯。

做法

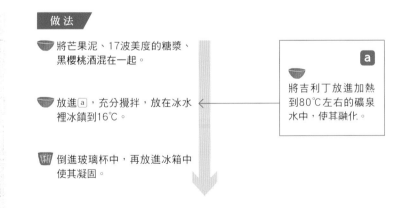

🥣 將芒果泥、17波美度的糖漿、黑櫻桃酒混在一起。

🥣 放進 ⓐ，充分攪拌，放在冰水裡冰鎮到16℃。

🥛 倒進玻璃杯中，再放進冰箱中使其凝固。

> **ⓐ**
> 🥣
> 將吉利丁放進加熱到80℃左右的礦泉水中，使其融化。

含寒天的奶油醬・香草奶油

Crème à la vanille

寒天粉「Le Kanten Ultra」（伊那食品工業）是一種新的凝固劑，近來廣受注目，這款奶油醬就是利用這種凝固劑做成的。它的特色在於不放在烤箱烤，也能展現出烤布蕾的柔嫩口感。能夠立即凝固可說十分方便，但缺點就在因加熱而水分蒸發後，口感會起很大的變化。因此必須一次製作相當的量，如果量少，就要補充牛奶來安定它的凝固性。此外，一旦凝固後就不能再加熱了。一次要做很多時，就要趁熱倒進容器裡，且要全程皆在保溫狀態中完成，不要做到一半就讓它凝固了。

材料
細砂糖	25g
Le Kanten Ultra	5g
47%鮮奶油	140g
牛奶	170g
香草莢	1/10根
20%加糖蛋黃液	90g

甜度 ★★☆☆☆

保存期限 冷藏2日。

運用方式 烤布蕾、甜點杯。

做法

🥣 將蛋黃放進盆子裡，再將ⓐ一點一點倒進蛋黃裡，攪拌均勻。

🍳 放回鍋裡　以小火加熱，一邊攪拌一邊加熱到83℃，然後過濾。

🪣 放涼到45℃左右，倒進容器裡。

🪣 放在冰水中急速冷卻，使其凝固。

80～85℃

ⓐ

🥣 將細砂糖和「Le Kanten Ultra」攪拌均勻。
↓
🍳 放進鮮奶油、牛奶、香草，然後以中火加熱。

94

蛋白霜・黑醋栗蛋白霜

Meringue au cassis

水果泥的比例占全體的近五成，是一款顏色鮮艷、味道醇厚的蛋白霜。將大量的果泥放進生蛋白中，會因為水分過多而無法攪打發泡，但改用蛋白霜粉（西班牙製的「ALBÚMINA」），就能打出極細的氣泡來。這個配方還加了海藻糖來提升糖質的保形性，因此不但不會太甜，打出的氣泡也很穩定。不過，烘烤的溫度超過90℃就會褪色，這點須特別注意。

材料
黑醋栗果泥	130g
礦泉水	50g
ALB MINA（SOSA社）	12g
細砂糖	50g
海藻糖	30g

甜度　★★★☆☆

保存期限　放進密封容器中2週。

運用方式　馬林糖、糕點的裝飾。

做 法

- 將礦泉水放進果泥中稀釋，調整濃度。

- 放進「ALBÚMINA」，用手持電動攪拌棒攪拌至融化。

- 用攪拌器打發，打至泡沫有點挺立時，就將混合好的細砂糖和海藻糖分2～3次放進去。

- 繼續打發至尖端會完全挺立的硬性發泡為止。要做馬林糖時，須先擠到烘培紙上再放進烤箱，用85～90℃的低溫烘烤一個晚上。

自選的小糕點 *Best* **10**

混搭多款奶油醬，創造出全新好滋味

將各式各樣的奶油醬混搭起來，設計出理想中的新滋味，是甜點師傅的樂趣之一。
其實，我想向各位介紹本店提供的我最喜歡的幾款小糕點。
當中運用了很多奶油醬，都是以本書所介紹的配方為基底，再巧妙變化成理想中的美味。
敬請參考下列的組合方式與變化方法。

榛果千層糕

472日圓

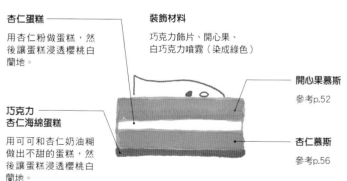

果仁鮮奶油
參考p.17

完成、裝飾材料
巧克力噴霧、
糖粉、烤榛果、
巧克力飾片

**果仁
鮮奶油**
參考p.17

杏仁蛋糕

香堤鮮奶油
參考p.13

**榛果
達克瓦茲蛋糕**
放進滿滿的榛果碎粒
後，烤到香脆為止。

杏仁蛋糕

將　果仁鮮奶油、達克瓦茲蛋糕、杏仁蛋糕等層層疊起來的千層糕式經典款。放進滿滿的榛果碎粒後烤到香香脆脆的達克瓦茲蛋糕，口感超輕盈。最後還裝飾上一顆榛果，宛如一場果仁的集體精彩演出。

開心果黛麗絲蛋糕

493日圓

杏仁蛋糕
用杏仁粉做蛋糕，然
後讓蛋糕浸透櫻桃白
蘭地。

**巧克力
杏仁海綿蛋糕**
用可可和杏仁奶油糊
做出不甜的蛋糕，然
後讓蛋糕浸透櫻桃白
蘭地。

裝飾材料
巧克力飾片、開心果、
白巧克力噴霧（染成綠色）

開心果慕斯
參考p.52

杏仁慕斯
參考p.56

迷　戀開心果的人，一定要品嚐這款開心果蛋糕。底部是巧克力杏仁海綿蛋糕，中間疊上杏仁慕斯和開心果慕斯，兩層慕斯中間再夾進杏仁蛋糕。香氣強烈的開心果和杏仁搭配，味道完全不會被埋沒，反倒是杏仁的芳香會更帶出開心果的迷人風味。由於不讓蛋糕搶盡風采，因此兩種蛋糕都刻意做得不甜，尤其蛋糕浸透櫻桃白蘭地後，更會散發出濕潤內歛且入口即化的一體感。

巧克力慕斯
將牛奶巧克力和p.36
的英式奶油醬型慕斯
攪拌在一起。

異國水果風味重奶油
參考p.84

百香果、芒果、
鳳梨的綜合果泥
將百香果泥、芒果泥
和濃縮型的鳳梨果泥
混合在一起的濃厚果
泥。

苦甜巧克力蛋糕
用杏仁粉取代麵粉，
和可可成分70%的巧
克力混合而做成的蛋
糕，香氣襲人。

提味用的柔和的
牛奶巧克力甘納許
參考p.23

裝飾用材料
巧克力飾片、
鏡面巧克力醬

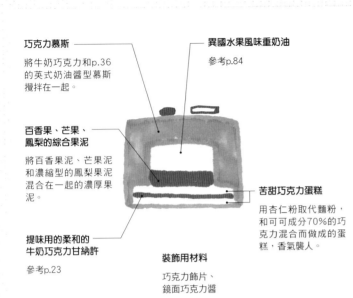

異國惡魔　493日圓

這是以巧克力慕斯為主角的夏日風巧克力甜點。內餡採一層酸味強烈的熱帶水果風重奶油和一層果泥，口味極為清爽。巧克力慕斯則是在可可成分70%的巧克力中拌進了牛奶巧克力，讓苦味變得溫和而更可口。但也因此，巧克力本身的風味減半，不過，這裡又巧妙地在蛋糕中間夾進了甘納許。入口即化，完全無厚重感，只塗上少許，就能引出巧克力的濃郁感了。

時尚布丁　493日圓

裝飾材料
時令水果、細葉芹

香草奶油
參考p.94

煮到柔順的焦糖

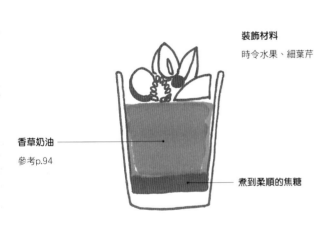

夏天，裝飾了滿滿水果的小糕點最受歡迎了。用「Le Kanten Ultra」（一種凝固劑）來凝固的香草奶油，有著烤布蕾般的滑嫩口感。相對於正統又簡單的烤布蕾是屬於四季長賣的商品，這款華麗的時尚布丁則是夏日限定絕品。訣竅在於不放進烤箱烘烤而用寒天來凝固，因此焦糖會相當柔嫩而入口即化。

熱帶白起司　493日圓

裝飾材料
含杏仁的蛋白霜、
時令水果、薄荷葉

覆盆子

**覆盆子
英式白起司奶油**
參考p.78

熱帶奶油餡
參考p.71

香堤鮮奶油
參考p.13

開心果圓盤
加了開心果泥、杏
仁與核桃的碎粒、
白巧克力而做成的
蛋糕,然後讓蛋糕
浸透黑櫻桃酒。

這款甜點的蛋糕體是使用開心果和白巧克力做成的「開心果圓盤」,非常有個性,屬於夏日限定糕點。內餡則是採用熱帶奶油餡,洋溢著濃郁的奶油與熱帶水果的犀利酸味。外圍再用味道溫和的英式白起司奶油包覆起來,整體的滋味鮮明富層次感。由於「開心果圓盤」本身是硬的,因此讓它浸透在黑櫻桃酒中以後,就會變得入口即化,而這也讓杏仁與核桃的口感更加突出。中間再放進一顆圓圓的覆盆子果肉,更有畫龍點睛之妙。

木星　493日圓

苦甜巧克力慕斯
將p.36的「巧克力慕斯」中的英式奶油醬,減少它的蛋黃用量,並將牛奶和鮮奶油調成同等比例。

鏡面巧克力醬

裝飾材料
鏡面白巧克力醬、果膠
(Nappage Neutre)、金箔

伯爵茶烤布蕾
重新製作p.90的「伯爵茶烤布蕾」,不加粉類而用吉利丁來凝固。

巧克力杏仁海綿蛋糕
使用杏仁泥(Marzi-panrohmasse)做出富濕潤感的海綿蛋糕。

用鏡面巧克力醬包覆住,全黑的外觀予人厚重感,但品嚐起來卻意外地輕盈。以滋味醇濃的巧克力慕斯為主角,但增加海綿蛋糕和內餡中的奶油用量,來降低巧克力慕斯的比例,如此一來可以品嚐到巧克力的美味,但不會感到那麼厚重。這是四季長賣、廣受好評的經典甜品。內餡中的伯爵茶烤布蕾,是不加粉類而用吉利丁來凝固,因此口感更輕盈。送進嘴裡時,會先感覺到伯爵茶的味道,之後巧克力的滋味才會整個擴散開來。

完成、裝飾材料

巧克力噴霧（紅色）、果膠、
覆盆子果肉、巧克力飾片

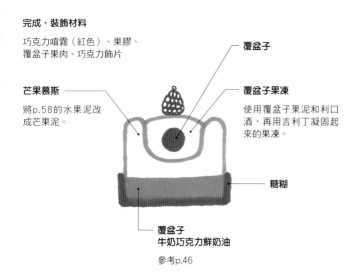

芒果慕斯

將p.58的水果泥改
成芒果泥。

覆盆子

覆盆子果凍

使用覆盆子果泥和利口
酒，再用吉利丁凝固起
來的果凍。

糖糊

**覆盆子
牛奶巧克力鮮奶油**

參考p.46

覆盆子之泉　493日圓

我的最初發想是「使用覆盆子利口酒做成的甜點」。做為主角的慕斯，我大膽地使用芒果。鋪底的奶油醬和內餡的果泥，我都讓覆盆子利口酒充分發揮作用，且用芒果的甜來突顯覆盆子的滋味。奶油醬的基底是牛奶巧克力，但由於覆盆子的酸味效果，並不會感覺到甜而是相當清爽。果凍中央藏一顆覆盆子果肉，口感噗滋噗滋且富含水分，讓覆盆子的風味更加鮮明。

裝飾材料

巧克力飾片、糖粉

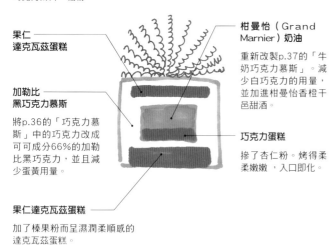

**果仁
達克瓦茲蛋糕**

**加勒比
黑巧克力慕斯**

將p.36的「巧克力慕
斯」中的巧克力改成
可可成分66%的加勒
比黑巧克力，並且減
少蛋黃用量。

果仁達克瓦茲蛋糕

加了榛果粉而呈濕潤柔順感的
達克瓦茲蛋糕。

**柑曼怡（Grand
Marnier）奶油**

重新改製p.37的「牛
奶巧克力慕斯」。減
少白巧克力的用量，
並加進柑曼怡香橙干
邑甜酒。

巧克力蛋糕

摻了杏仁粉。烤得柔
柔嫩嫩，入口即化。

加勒比黑巧克力　550日圓

一邊展現巧克力慕斯的醇厚滋味，一邊用內餡的柑曼怡奶油和蛋糕來減輕濃膩感，因此味道感覺清淡些了。口感的亮點在於一片摻了杏仁粉的巧克力蛋糕和兩片芳香的達克瓦茲蛋糕。內餡的白巧克慕斯則添加了柑曼怡風味。當做餐後甜點登場時，可以將巧克力慕斯改成炸彈麵糊型，就能更強調出輕盈感了。

天使羽毛

493日圓

白巧克力慕斯

以p.40的慕斯為基底，將英式奶油醬改成異國風味的水果泥、百香果泥和鮮奶油來製作。

熱帶奶油餡

將p.71的「熱帶奶油餡」中的水果泥，換成異國風味的水果泥來增加酸味。

杏仁海綿蛋糕

加進杏仁泥做出海綿蛋糕，另外將糖漬草莓的汁液和百香果泥混合起來，然後讓蛋糕浸透果汁。

糖漬草莓

使用顆粒小、酸味強的森加森加納草莓（Senga Sengana）。

完成、裝飾材料

巧克力噴霧（橙、紅色）、覆盆子巧克力飾片

為了能吃到清爽的白巧克力慕斯，就將隨手拿到的熱帶水果放進去，便做出這款風味銳利的甜點。慕斯本身中的英式奶油醬，是用芒果泥、百香果泥和鮮奶油煮出來的，因此富有酸味。而內餡是使用異國風味的水果泥，做出帶潘趣酒風味的熱帶奶油餡藏在裡面，再加上酸味強烈的糖漬森加森加納草莓。不只如此，還將糖漬草莓的汁液和百香果泥混合起來，然後讓海綿蛋糕浸透在果汁中。

異國聯姻 **493**日圓

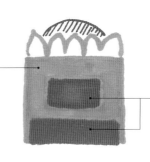

完成、裝飾材料

果膠、杏桃、香堤鮮奶油、巧克力飾片

女皇米糕佐無花果

在p.82的奶油醬中，加進芒果泥和切成5mm小丁的杏桃果肉。

杏仁海綿蛋糕

讓蛋糕浸透黑櫻桃酒。

將p.82的「女皇米糕佐無花果」改成夏日風口味，加進了芒果泥和杏桃果肉，展現酸味和水靈靈的清涼感。由於奶油醬本身的味道與口感都很複雜了，蛋糕體的組成就做得簡單些，中間只放進海綿蛋糕而已。表面塗上一層果膠，光看就倍覺清涼。擠在上面的香堤鮮奶油，是使用極適合在夏天製作甜點用的「SMART WHIP K」調和性奶油（參考p.102）。到了秋冬季節，就可以將芒果和杏桃改成栗子，再用鮮奶油覆蓋上去，那麼視覺和味覺上都能變得富濃厚感了。

最先進的奶油醬製作好幫手
善用科學性的甜點製作材料

這裡將介紹幾款決定奶油醬味道與口感的關鍵性材料。
只要了解這些材料的特質，就能做出前所未有的奶油醬，請務必嘗試看看。

スマートホイップK
SMART WHIP K調和性奶油
中澤乳業

2012年發售的乳脂肪含量20%、植物性油脂含量19.5%、無脂固形物（SNF）含量5%的調和性奶油。它的植物性油脂成分讓發泡效果極佳，即使加了份量等於奶油一半的水果泥，也能夠攪打發泡。一般人都有調和性奶油的味道不如鮮奶油這種成見，因此不使用調和性奶油，但這款奶油的味道和鮮奶油相當接近，而且因為容易使用，我個人相當喜歡。

此外，高溫下不會像鮮奶油那樣變成固態奶油化也是它的魅力點，因此在高室溫下也很容易化，放在甜點展示櫃中也不太會變乾，是夏季用來當做裝飾性奶油的法寶。

使用範例
芒果鮮奶油（p．16）

P125クール・ド・グアナラ
P125 Coeur de Guanaja巧克力
VALRHONA社

這是無脂肪固形物含量超過油脂含量的劃時代巧克力，名稱就是根據「味道與香氣相當於可可成分125%的巧克力」而來的。

它具有一種可可特有的強烈苦味，類似於濃縮的可可成分70%巧克力「Guanaja」的味道，只要少量用在奶油醬或蛋糕中，就能將巧克力的美味發揮得淋漓盡致。

油脂含量少這個特性有很多好處。例如，做成冰淇淋的話，在低溫狀態下也不容易凝固而能有入口即化的口感。而且，水分也很容易乳化，要做出帶苦味的奶油醬時，並不需要在巧克力中放進可可糊，而是直接用P．125來做，口感會更滑順。此外，摻進用蛋白霜做成的奶油醬或麵糰裡面的話，並不會消泡而能保有輕盈的口感。

這些不過是其中的幾種好處而已，請用它來做不同的嘗試，一定可以找出更多新的使用方法。

由於P．125的味道相當強烈，若你參考的食譜中並沒有P．125，就必須重新酌酌用量。

使用範例
巧克力卡士達鮮奶油（p．12）

パールアガー8
PEARLAGAR-8凝固劑
富士商事

這是一種凝固劑，主要原料是從海藻中的紅藻、龍鬚菜、杉海苔中萃取出一種叫做「卡拉膠」（Carrageenan）的多醣類。最大的特徵在於用湯匙一舀就會破壞它的組織，變得像是滲出水來那般新鮮水嫩。入喉的感覺極佳，餘味也十分清爽。和同樣以海藻為原料的寒天相比，彈性和透明感更優且無味無臭，也是它的魅力所在。

此外，吉利丁通常要在13℃以下才會慢慢變硬，但這款「PEARLAGAR-8」在常溫下就能凝固，且在50℃高溫中也不會變形或融化，因此可說是夏季做果凍的最佳材料了。

要論入口即化的感覺，吉利丁更勝一籌，因此要用在慕斯上的話，

吉利丁比較適合。而且，由於它在常溫中就會立即凝固，因此不能倒在慕斯之類冰涼的甜點上。凝固性不受溫度變化影響而能預測出理想中的口感，是它的魅力點。由於再加熱也不會變質，因此可以追加「PEARLAGAR-8」的用量來調整硬度。不過，糖質少的話，放久就會出現離水現象。

使用範例
葡萄柚果凍（p.92）

轉化糖漿
Invert sugar

轉化糖漿是將細砂糖或精製白砂糖的主要成分蔗糖，以人工方式分解成葡萄糖和果糖後，再混合而成的產物。它的保水性高，冷凍時具有防止水分結晶化的效果。此外，用在燒菓子時，能夠著上漂亮的烤色也是它的特徵。轉化糖漿具有和蜂蜜、麥芽糖相同的特徵，但優勢是不會干擾甜點的風味和外觀，能夠直接帶出素材的原味。

轉化糖漿適用於棉花糖（marshmallow）、慕斯凍、冰淇淋、酒心巧克力用甘納許、燒菓子等。用在棉花糖時，表面不易乾掉，可以保有柔軟的口感；用在慕斯凍和冰淇淋時，能夠防止冰的結晶化，用在甘納許時則能防止砂糖的結晶化，兩者都能保有滑嫩的口感；用在燒菓子上時，能夠提高紮實感，也能發揮上色的美化效果。

製作甘納許時，我的習慣是，如果是用在當做松露巧克力的外層時，我會選擇有入口即化效果的轉化糖漿，但用在生巧克力上時，我就會選擇能夠凝固的麥芽糖。此外，製作鏡面巧克力醬的話，由於必須借助麥芽糖的黏性，有時也可以將轉化糖漿和麥芽糖混合起來使用。最理想的方式就是依照各種甜點所需的口感來選用了。

ル・カンテンウルトラ
Le Kanten Ultra寒天粉
伊那食品工業

使用範例
櫻桃鮮奶油（p.15）
黑巧克力甘納許（p.23）
酒心巧克力用甘納許（p.26）
酒心巧克力用覆盆子甘納許（p.27）
黑醋栗黑巧克力重奶油（p.29）
發泡白巧克力甘納許（p.34）
椰子奶油（p.85）

這款寒天粉的分子量減到一般寒天的1/3，因而黏度和強度都更弱。特色在於入口即化，用在奶油醬時，能做出無比柔滑的效果。

它在80℃時才會融解，跟吉利丁一樣，在常溫中不會融化，因此可以放心地應用在夏日甜點上。只不過，一旦凝固後，再加熱就會變質了。因此要大量應用時，當做好奶油醬並過濾後，就要趁高溫倒進容器裡，而且直到倒完最後一個容器之前，都要細心保持它的流動性。

此外，因為蒸發而起的水分含量變化，會影響到口感。因此，在慢慢熬煮的過程中，必須確保一定的含水量，可以用秤重的方式來微調，以求達到理想中的口感。

除此之外，也可以用「Le Kanten Ultra」來製作果膠塗抹在水果等的表面上。它本身沒有味道，也不會黏手，因此很推薦。加在棉花糖上，會讓蛋白更容易發泡，而且寒天的保水性能防止表面乾掉。

使用範例
香草奶油（p.94）

プラリネパウダー
Puraline Powder果仁粉
Weiss社（進口／French F&B Japan）

這是於2013年10月上市的最新材料。一般的果仁糊因為是半固態。

很難和鮮奶油充分混合，因此，這款粉狀的素材就很能派上用場了。

將「Puraline Powder」放進鮮奶油中充分攪拌，不僅能攪打發泡，還能做出果仁糊的香堤鮮奶油。味道雖然不及果仁糊來得香濃，但製作上非常方便，也很適合用在擠花裝飾。

由於不容易融化，也可以直接撒在生菓子上做裝飾用。

使用範例
果仁鮮奶油（p.17）

トレハロース
TREHA海藻糖
林原

這是讓馬鈴薯、玉米等澱粉產生酵素作用後而萃取出來的一種天然的糖質。當不希望太甜，但想提高

保水性（保有甜度）和蛋白霜的安定性時，使用海藻糖就很有效果。它也具有防止果凍離水的效果。若將部分砂糖改成海藻糖，不但無損口感，還能控制甜度。

只不過，海藻糖具有覆蓋素材原味的特性，大量使用的話，會模糊掉甜點的風味，反而落得只感覺得到甜味而已。因此，必須將用量拿捏得恰到好處才行。

海藻糖還具有延遲澱粉酸化、防止味道劣化的作用。尤其用在麵粉做的燒菓子等，這項效果極為顯著。海藻糖價格便宜容易取得，不妨善加利用。

使用範例

吉布斯特醬（p‧9）
覆盆子慕斯（p‧58）
百香果慕斯（p‧59）
炸彈麵糊奶油餡（p‧69）
義式蛋白霜
白起司奶油（p‧77）
黑醋栗蛋白霜（p‧95）

ピスタチオペースト
開心果糊
FUGAR社（進口／French F&B Japan）

要製作開心果甜點，嚴選優質的開心果糊是決定美味的關鍵。我個人愛用的是義大利的產品。將品質最佳的西西里島產的Smeraldo品種開心果烤得香噴噴後再加以研磨，味道和香氣都濃郁逼人。顯色漂亮也是它的魅力之一。不添加防腐劑，每一罐都只有400g小罐裝，因此不易變質，可安心使用。

使用時，請配合甜度，將這款以西西里島產的新鮮開心果為原料的開心果糊加進材料中，做出味道與香氣都更具深度的奶油醬來。

使用範例

開心果鮮奶油（p‧18）
開心果慕斯（p‧52）

アルブミナ
ALBÚMINA蛋白霜粉
SOSA社（進口／SUN-EIGHT貿易）

蛋白占全體成分約65％的一種蛋白質。白蛋白（Albumin）一接觸空氣就會變質，透過張開硬膜來飽含空氣而發泡。這款西班牙製的「ALBÚMINA」，就是僅萃取白蛋白而將它做成粉末。

想用大量水果泥來做出蛋白霜時，如果採用的是生蛋白，就會因為水分過多而無法發泡。此時改用一般的蛋白霜粉就可以發泡了，但使用這款萃取出發泡成分的「ALBÚMINA」，不但發泡效果更佳，還能加進更多的水果泥來做出滋味濃郁的蛋白霜。此外，在生蛋白中加進「ALBÚMINA」來發泡的話，也會讓蛋白霜的氣泡更安定。它不僅保形性優、能長時間維持氣泡，擠出來也不會下垂變形，可以保持美麗的形狀來烤出馬林糖。沒有蛋白霜粉特殊的臭味也是它的魅力點。

用「ALBÚMINA」做蛋白霜時，剛開始會很難發泡，但打到6分發泡後，體積就會一下漲起來。因此，如果從某個發泡程度開始攪打的話，請務必密切注意蛋白霜的變化。

使用範例

黑醋栗蛋白霜（p‧95）

ブール・ブランシェ
BEURRE BRANCHE低水分奶油
CALPIS FOODS SERVICE

這是使用北海道十勝地區所產的牛奶，將水分減至15％以下所製成的奶油。低水分奶油的最大特徵就是具柔軟性，很容易延展開來。用這款奶油來做千層酥皮的話，奶油可以分布得很均勻而烤出美麗的千層效果。

用它來調製各種奶油醬或甘納許的話，不但能增加彈性，而且溫度升高也不會塌垂下來，這是它的魅力點。用在燒菓子的夾層時，即使在常溫下擺在店裡也不會融化，可以維持住奶油原本的美味。

這款奶油能讓大部分甜點的完成狀態和口感都更佳，可唯一的缺點就是價格太貴了。建議如果是要融化後使用，就用一般的奶油，要求特別效果時，再使用這款奶油。此外，奶油的品質也會因季節而異，冬天做出來的奶油最不容易塌垂下來，更便於製作。

使用範例

奶油做的奶油餡（p‧67～72）